U0274351

串置翼无人机空气动力学
——从恐龙到无人机和超声速飞机

Aerodynamics of Tandem Wing Aircraft
From Dinosaurs to UAVs and Supersonic Planes

[乌克兰] 伊利亚·克里沃哈特科 (Illia Kryvokhatko)　著

陈小庆　译

中国宇航出版社

·北京·

First published in English under the title

Aerodynamics of Tandem Wing Aircraft: From Dinosaurs to UAVs and Supersonic Planes by Illia S. Kryvokhatko，edition：1

Copyright © Illia Kryvokhatko，2023

This edition has been translated and published under licence from

Springer Nature Switzerland AG.

著作权合同登记号：图字：01－2024－1244 号

版权所有　侵权必究

图书在版编目（ＣＩＰ）数据

串置翼无人机空气动力学：从恐龙到无人机和超声速飞机 /（乌克兰）伊利亚·克里沃哈特科著；陈小庆译. －－北京：中国宇航出版社，2024.5

书名原文：Aerodynamics of Tandem Wing Aircraft: From Dinosaurs to UAVs and Supersonic Planes

ISBN 978－7－5159－2381－9

Ⅰ.①串… Ⅱ.①伊… ②陈… Ⅲ.①无人驾驶飞机－空气动力学 Ⅳ.①V279

中国国家版本馆 CIP 数据核字（2024）第 084427 号

| 责任编辑 | 舒承东 | 封面设计 | 王晓武 |

出 版 发 行　中国宇航出版社

社　址　北京市阜成路 8 号	邮　编　100830
（010）68768548	
网　址　www.caphbook.com	
经　销　新华书店	
发行部　（010）68767386　　（010）68371900	
（010）68767382　　（010）88100613（传真）	
零售店　读者服务部　　（010）68371105	
承　印　北京中科印刷有限公司	

| 版　次　2024 年 5 月第 1 版 |
| 2024 年 5 月第 1 次印刷 |
| 规　格　787×1092 |
| 开　本　1/16 |
| 印　张　9.5　彩　插　8 面 |
| 字　数　243 千字 |
| 书　号　ISBN 978－7－5159－2381－9 |
| 定　价　98.00 元 |

本书如有印装质量问题，可与发行部联系调换

序　言

　　本书的目的是以全面、易懂和相对有趣的方式向航空航天专业的学生、飞机工程师、飞机建模和研究人员介绍串置翼布局的空气动力学知识。此外，对于对飞机发展史感兴趣的读者而言，本书也很有吸引力（第 2 章除外，因为公式太多了）。

　　本书不仅对于准备从事串置翼布局设计的工程师有帮助，对于空气动力学研究人员也有帮助，有的研究内容（如升力面相互干扰导致纵向和横向力矩并影响控制舵面的舵效、自由涡的相互作用、稳定性和配平的微调等）对于相邻学科也有启发，所有这些特征都使串置翼布局气动特性比常规布局更复杂，但研究起来也更令人兴奋。

　　本书以作者的博士学位论文（2015 年，乌克兰语）为基础，并考虑了诸多气动专家的意见，在 2015—2022 年间对内容进行了大量的改进和补充，正文部分补充了大量实例，并新增了几何参数与气动特性之间的关联（如翼型及安装角的影响，机翼上反角的影响，舵面舵效、翼尖小翼以及折叠特性），还增加了关于串置翼布局总体设计的一般建议。

伊利亚·克里沃哈特科

利雅得，沙特阿拉伯

致　谢

感谢 Vitalii V. Sukhov 教授提出的研究方向，并鼓励作者将博士论文扩充成一本书；Oleksandr M. Masko 为 CFD 研究提供了 3D 模型（3.7 节）、风洞模型制造技术和设备；感谢 Oleksandr V. Pulava 在上述模型制造过程中提供的帮助；感谢 Yevhenii O. Shkvar 教授提供 CFD 咨询；感谢 Mihail D. Melnikov 提供有关实验事宜的咨询；感谢 Volodymyr I. Andrus 提供有关飞机静态稳定性的咨询；感谢 Konstantin O. Predachenko 对研究方法的评论并提供第 1 章中的飞机插图；感谢 Nataliia P. Tsentylo 在安排风洞试验方面提供的宝贵帮助；感谢 Yurii V. Yakovlev 合作并分享有价值的实验数据。

作者并不认为自己是书中提到的任何飞机的设计师。

关于作者

伊利亚·克里沃哈特科于 2010 年以优异的成绩毕业于沃罗涅日国立技术大学航空航天系统学院（现为航空航天技术研究所），获硕士学位。

2009—2015 年，担任安东诺夫公司（乌克兰基辅）风洞实验室的空气动力学工程师。

2015 年，他获得飞机空气动力学专业博士学位，题目为串置翼布局飞机气动特性评估方法，导师为 Vitalii V. Sukhov 教授。

2015—2020 年，担任安东诺夫公司飞机气动设计部门负责人。

2012—2020 年，在沃罗涅日国立技术大学兼职讲师/副教授，主讲空气动力学和水力学、飞机空气动力学、计算流体力学、现代飞机设计等课程。授课和试验均在实验空气动力学（Experimental Aerodynamics）实验室完成，先后指导 19 名本科生和 19 名硕士研究生。

2020 年以来，担任沙特阿拉伯利雅得的 SAMI 先进电子公司首席航空航天系统分析师。

符号和缩写

AC	气动特性
FWL	机身水平线
GEV	地效飞行器
HT	水平尾翼（平尾）
MAC	平均气动弦长
UAV	无人机
VT	垂直尾翼（垂尾）
下标 1	代表前翼（其他文献中：fore，front，leading）
下标 2	代表后翼（其他文献中：hind，aft，back，trailing）
下标 eq	代表等效机翼
下标 I	代表常规布局
下标 II	代表串置翼布局
下标 fus	代表机身
$a = \partial C_L / \partial \alpha$	升力线斜率
$a_0 = \partial C_l / \partial \alpha$	翼型升力线斜率
$AR = b^2 / S$	机翼展弦比
AR_{eff}	机翼有效展弦比
b	翼展，前后机翼平均展长
c	弦长
C_d	翼型阻力系数（2D）
C_{d2}^*	后翼阻力系数（湍流状态下）
$C_{D\,iso}$	机翼阻力系数（无干扰状态）
$C_{D\,int}$	机翼阻力系数（干扰状态下）

C_D	阻力系数（3D）
C_{D0}	零升阻力系数（$C_L = 0$）
$C_{D\,min}$	最小阻力系数
C_{Di}	诱导阻力系数
C_f	摩擦阻力系数
C_l	翼型升力系数（2D）；滚转力矩系数
C_l^β	滚转力矩系数对侧滑角导数；滚转静稳定度
C_L	升力系数（3D）
$C_{L\,max}$	最大升力系数
C_m	俯仰力矩系数（低头为正）
$C_{m\,iso}$	机翼无干扰状态下俯仰力矩系数
C_{m0}	俯仰力矩系数（零升力下）
C_m^α	俯仰力矩系数对攻角导数
$C_m^{C_L}$	俯仰力矩系数对升力系数导数，纵向静稳定度，纵向静稳定裕度
$C_n = \dfrac{M}{qSb}$	偏航力矩系数
C_n^β	偏航力矩系数对侧滑角导数，方向静稳定度
C_y	方向/侧向力系数
d_w	机身与机翼结合处直径
D	阻力
E	奥斯瓦尔德系数
I	湍流度
k_{int}	机身-机翼干扰系数
k_d	修正系数（机翼自由涡间距离）
$k_V = q_2/q_1$	前翼后气流减速系数
l	翼尖涡距离
l_{iso}	孤立机翼翼尖涡距离

l_{x0}，h_0	前后机翼 25% 弦线间分别沿机身纵向基准线及垂直于该基准线的距离
l_x，h	前后机翼 25% 弦线间分别沿来流方向及垂直于来流方向的距离
L	升力
L/D	升阻比
$(L/D)_{max}$	最大升阻比
Ma	马赫数
M_y	俯仰力矩
n_{elev}	亚声速下升降舵舵效因子
$q = \dfrac{1}{2}\rho V^2$	动压
Re	雷诺数
r	涡轴间距离
r_0	黏性核半径
S	机翼面积（俯视）
S_{uf}	机身占用机翼面积
S_M	机身横截面积
S_{HL}	机翼高升力装置面积
t	翼型厚度
$\bar{t} = t/c$	翼型相对厚度
TR	梢根比（翼尖弦长/翼根弦长）
V_t	垂尾尾容量
V_∞	来流速度
x_{ac}	焦点纵向坐标
$\bar{x}_{ac} = x_{ac}/c_{eq}$	无量纲焦点位置
$\bar{x}_p$	无量纲压心位置
$\bar{x}_{cg}$	无量纲重心位置
$\bar{x}_T$	无量纲边界层转捩点位置
Y	侧向力

α	攻角（AoA）
α_0	零升力攻角（$C_L = 0$）
α_S	失速攻角
α_{sh}	气动遮蔽角（后翼/垂尾）
β	侧滑角
ε	洗流角度：$\varepsilon < 0$ 下洗，$\varepsilon > 0$ 上洗
ε_{21}	前翼翼尖涡引起后翼所受下洗角（相互诱导）
ε_{22}	后翼由于后翼自身涡流影响引起的下洗角（自诱导）
ε_{foil}	机翼附着涡引起下洗角
ε_{free}	机翼自由涡引起下洗角
ε_0	$\alpha_1 = \alpha_{01}$ 时前翼引起下洗角
ε^a	下洗角对攻角导数
φ	机翼安装角
$\Delta\varphi = \varphi_2 - \varphi_1$	翼差角
Λ	后掠角（为正表示后掠）
ν	诱导推力系数（Butler 修正）
ρ	空气密度
σ	普朗特系数（干涉因子）
θ	机翼上反角（为正，上反，否则下反）

目　录

第1章　历史回顾 ·· 1

1.1　引言 ··· 1

1.2　串置翼飞机回顾 ·· 1

1.3　结论 ·· 17

参考文献 ·· 18

第2章　串置翼飞机空气动力学特性研究 ···························· 22

2.1　串置翼飞机流场物理特性 ······································ 22

2.2　分析方法 ·· 25

2.2.1　流动减速 ·· 26

2.2.2　流动转捩 ·· 26

2.2.3　流动下洗/上洗 ·· 27

2.2.4　升力系数 ·· 34

2.2.5　阻力系数 ·· 37

2.2.6　俯仰力矩系数 ·· 41

2.2.7　滚转力矩系数 ·· 43

2.2.8　偏航力矩系数 ·· 48

2.2.9　舵面效率 ·· 50

2.3　CFD方法 ·· 57

2.4　试验方法 ·· 59

2.5　解析法/CFD方法与试验数据的比较 ······························ 65

2.6　结论 ·· 74

参考文献 ·· 75

第3章　几何参数对气动特性的影响 ································ 78

3.1　上机翼和下机翼 ·· 78

3.2　翼展比 ·· 80

3.3 翼型及安装角 ……………………………………………………… 84

3.4 翼型选择算法 ……………………………………………………… 89

3.5 翼间水平距离与垂直距离影响 ………………………………… 94

3.6 机翼上反角 …………………………………………………… 103

3.7 前后翼翼尖装置 ……………………………………………… 109

3.8 折叠设计的气动特性 …………………………………………… 117

3.9 结论 ……………………………………………………………… 125

参考文献 …………………………………………………………… 126

第4章 串置翼飞机气动设计建议 ………………………………… 129

参考文献 …………………………………………………………… 135

结 论 …………………………………………………………………… 136

参考文献 …………………………………………………………… 138

第 1 章 历史回顾

1.1 引言

人们针对常规飞行器气动布局已经展开了详尽的研究，而随着现代航空材料以及气动数值优化方法的发展，非常规布局也已成为可能，比如串置翼布局[1,p19]，此类布局的特点是前后机翼的翼面积相当。

串置翼布局与其他气动布局之间存在什么关系呢？

• 如果前机翼的面积比后机翼大很多，则变成常规布局方案，即主机翼＋水平尾翼。

• 如果前机翼面积变得很小，则变成鸭翼布局。

• 如果前翼后掠、后翼前掠且前后机翼直接相连（或者通过增加后掠端板相连），则称为连翼布局或盒式布局[2]。

什么情况下适合采用串置翼布局？

对于追求航时而非航程的小型飞机（有人机或无人机）而言，串置翼布局是一个可选方案，1936 年其创下了续航能力的世界纪录[3,p146]。如今，这种空重为 14 kg 的无人机能够飞行 25 h，表现非常出色。

另一方面，从结构上看，对于机翼需要折叠和尺寸受限（如筒式发射）的无人机而言，串置翼布局是合理的，因为它可以显著降低翼展（约 40%）。

对于翼载（重量与机翼面积比）较低的大型飞机（如太阳能无人机和在稀薄的平流层大气中飞行的无人机）而言，降低翼展至关重要。显然，60 m 翼展的飞机比 100 m 翼展的飞机对机场的要求更低，也更安全。

串置翼布局也是地效飞行器的一个典型解决方案，因为它解决了常规地效飞行器布局的纵向稳定性问题，同时还可充分利用地效以提高操纵效率[4,p17]。

对于垂直起降飞机而言，在起飞和着陆阶段如果是四个螺旋桨而非两个螺旋桨，稳定性和可控性将更具优势，那么将其安放在面积相当的四片机翼上是较合理的选择[5]。

本书以作者的博士论文[6]为基础，大约一半篇幅来源于博士论文。

1.2 串置翼飞机回顾

早在人类开始制造飞机之前，甚至远在人类出现之前，串置翼气动布局就已经出现在自然界中，如白垩纪时期的小盗龙使用有羽毛的前肢和后肢进行滑翔（图 1－1）。现代风洞研究表明，肢体位置在解剖学上可能发生的变化不会导致气动特性显著变化，根据实验结果，小盗龙的升阻比较低（大约为 4.7，而现代鸟类为 10～12），而且只在高升力系数下才是稳定的[7]。这不仅是因为气动布局的"选择"，还在于其后翼的翼展较小，翼的展弦比亦较小（尤其是后翼），以及大面积的尾巴。然而，根据古生物学家的研究，这并未能阻止小盗龙猎捕其他的鸟类。

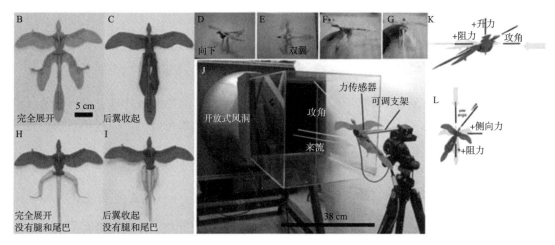

图 1 - 1　小盗龙平面图和风洞模型[8]

在飞机发展早期，人们尚不了解机翼与机翼之间的相互干扰，当时多翼机设计非常流行，包括沿机身水平方向安置两对机翼。Bowers[1,P19]对 20 世纪 80 年代之前的串置翼飞机进行了全面回顾（其中许多设计比较夸张，本书并未列出，文献 [4，P25] 中给出了失败的原因）。Bowers 认为串置翼会增加飞机重量，因此阻力随着升力的增加而增加，许多串置翼项目可追溯到 20 世纪上半叶，之后这种方案便归于沉寂。

1977 年，在 Quickie 推出的飞机（由 B. Rutan，T. Jewett 和 G. Sheehan 开发）中，串置翼布局再次"复活"，这架单座飞机起飞重量 217 kg，总机翼面积 4.98 m²，翼展5.2 m（图 1 - 2）。发动机功率仅为 18 马力，最大飞行速度 203 km/h。该飞机的成功可归功于最新的结构材料（玻璃纤维和聚泡沫）提升了飞机表面的质量和高质量层流翼型的应用[1,P34]。该飞机的前后机翼的翼展和面积相当，升降舵位于前翼，副翼位于后翼，尽管设计者称之为"鸭式布局"，这种布局也可称为"串置翼"布局。基于这一设计又衍生了使用 64 马力和 105 马力发动机的双座飞机 Q2 和 Q200。

1985 年，Aeroprakt 公司研制的 A - 8 飞机进行了首飞，该飞机（图 1 - 3）与 Quickie相似，前翼面积 2.47 m²，后翼面积 2.44 m²，起飞重量 223 kg，空重 143 kg，最大升阻比 12，最大速度 220 km/h，最大抗过载能力为 6 g，起飞距离 150 m，降落距离 150 m，采用 35 马力发动机，爬升率 5 m/s[9]。全机由塑料制成，前翼翼型 RAF - 32，后翼翼型FX60 - 126。

美国 Vought 公司研究的串置翼飞机见图 1 - 4，其采用升降舵和副翼混控的模式，舵面长度占翼展的 1/2，宽度占弦长的 1/4，最大舵偏角可达 9.8°，平衡升力系数范围为 0～1.4。俯冲阶段具有良好的失速特性，振荡较小，诱导阻力也远小于单翼飞机[11]，方向稳

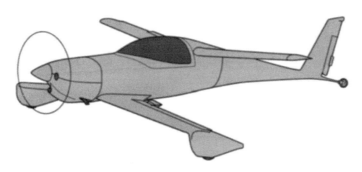

图 1-2　Quickie 飞机[10]

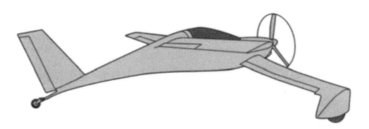

图 1-3　A-8 飞机

定性接近于传统布局。试验表明，相对于单翼布局，串置翼布局在诱导阻力上的优势大于理论预测。然而，由于该设计的后机翼和垂尾组合相当于大型 T 形尾翼，刚度上不对称，会引起严重的气动弹性问题，工程实现较困难。

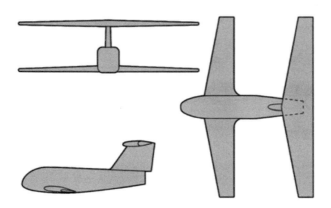

图 1-4　Vought 公司测试的模型

　　另一种串置翼布局方案见图 1-5，该方案中，前机翼上反角为 0°，后机翼上反角则可大于 30°，翼尖之间的垂直距离增大，从而降低了诱导阻力（见 3.5 节，CFD 分析表明串置翼采用较大的上反角是合理的），后翼翼尖设计有小翼并且下反角较大。翼尖小翼增加了航向稳定性，其作为垂尾的效率随着与对称面之间距离的增加而增加，同时，翼尖效应导致诱导阻力的降低被机翼面积增大带来的阻力增加所抵消，该布局在各个方向都是稳定的。

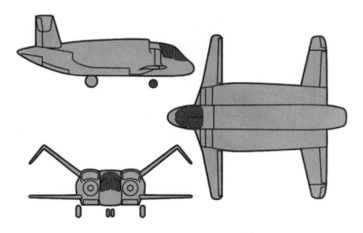

图 1-5　Vought 的 No1 设计

此外，还提出了利用螺旋桨代替喷气发动机的设计方案（图 1-6）。

图 1-6　Vought 的 No2 设计

1987 年，Scale Composites 设计的 ATTT 原型机进行了首次飞行试验[12]。这是一种短程军用运输机，可以运输 14 名空降兵。其优秀的短程起降距离主要得益于三升力面的气动布局：两对串置翼以及 T 形尾翼（图 1-7），两对机翼几乎处于同一水平面上，二者上反角也都较小，前机翼～5°，后机翼～－5°。机翼通过发动机舱相连接，可以提高刚度、减轻重量，同时解决燃油容积的问题。每片机翼均采用四段设计，具有 2 个襟翼和副翼。

这种气动布局在起降阶段的升阻比可达 20，最大升力系数约为 3.35。巡航阶段，机翼和水平尾翼均产生正升力。机身的 70％ 由复合材料组成：长 22 m，前翼翼展 18.5 m，后翼翼展 23.4 m，最大起飞重量 2 5500 kg，有效载荷 5 670 kg。在 900 m 飞行高度巡航时速度可达 600 km/h。

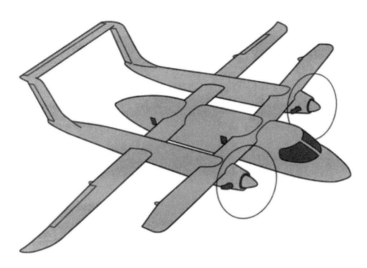

图 1-7 ATTT 飞机原型机

20 世纪 80 年代末，Myasishchev 实验机械制造厂承担了 "Project 52" 项目[13,P2]，目的是发展一款载重 200～500 t 的运输机，为最大限度提高升力并容纳有效载荷，采用了串置翼布局方案（图 1-8）。为减小机翼之间干扰、降低气动力损失，对翼型以及机翼之间的相对角度进行了优化，垂直安定面位于后机翼上。但整个项目的研发终止于设计阶段。

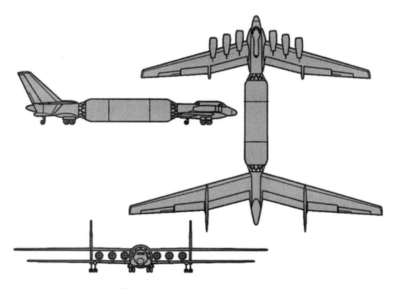

图 1-8 Project 52（重型飞机）

1998 年，Burt Rutan 的试验飞机 Proteus 进行了首次飞行并创造了新的世界纪录（图 1-9），其介于串置翼与鸭翼之间的气动布局，以及较高的展弦比使得其诱导阻力和总阻力较小。由于前翼相对位置较高，后翼不会受到其尾涡的影响。主翼面积 27.9 m²，翼展 28 m，鸭翼（前翼）面积 16.6 m²，翼展 19.7m，总重 5 670 kg，燃油重量 2 720 kg，空重 2 676 kg，6 000 m 高度的巡航速度 353 km/h，12 000 m 高度的巡航速度 518 km/h，巡航马赫数 0.42，在 20 km 高度可飞行 18 h[14]。

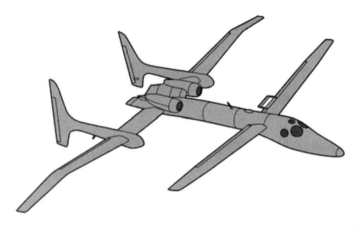

图 1-9　创造世界纪录的 Proteus

21 世纪初，贝尔和波音公司开始联合研发一种有效载重 26 t 的四轴倾转旋翼飞机 [Quad TiltRotor（QTR）][15]。其依靠位于翼尖部位的 4 个螺旋桨起飞，此时发动机轴线沿竖直方向，巡航阶段，发动机轴线沿机身方向，飞机为典型的串置翼布局（图 1-10）。为了保证螺旋桨和地面之间的净空空间，前后机翼均处于机身上部且前翼相对略低。

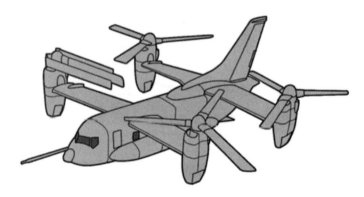

图 1-10　四轴倾转旋翼飞机

Tango 无人机（图 1-11）由 Draganfly 公司于 2006 年推出，其专利机翼设计可提供高飞行性能，包括平稳的失速。无人机长 1.2 m，翼展 1.5 m，起飞重量 2.8 kg，载荷 1.14 kg，巡航速度 40 km/h，失速速度 24 km/h，最大速度 100 km/h，最大飞行高度 640 m，续航时间 50 min。前翼位置略高于后翼，副翼位于后翼上，通过前后机翼的翼尖小翼来提高飞机的升阻比。无人机采用 V 形尾翼（翼尖小翼也增加了航向稳定性）和前拉式螺旋桨设计。

弹簧刀无人机主要用于筒式发射，发射后机翼展开（图 1-12）。原始设计（2011 年）重量 2.5 kg，为和弹簧刀 600（图 1-13，2020 年推出，最大起飞重量 23 kg，全系统最大重量 54 kg）相区分，原设计重命名为弹簧刀 300。其由操作手控制，可将光电传感器的

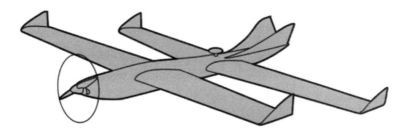

图 1 - 11　Tango 无人机（Draganfly 公司）

视频流回传给地面站，发现目标并确定位置后，无人机机翼收起，变成自杀式无人机[17]。前后机翼几乎处于同一水平面，机翼采用薄板结构，这对于寿命不超过 10 min 的无人机来说是合理的。弹簧刀无人机显示了串置翼的另一种实现方案，但并不代表较高的气动性能。在俄乌冲突中，（弹簧刀）无人机被广泛应用于对抗俄罗斯。

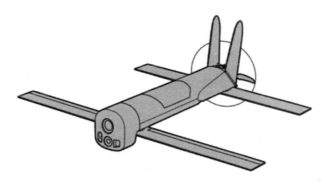

图 1 - 12　弹簧刀 300 无人机

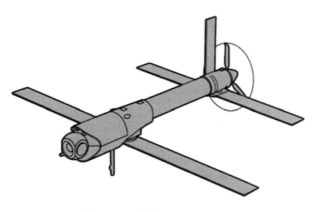

图 1 - 13　弹簧刀 600 无人机

　　2008 年，我们提交了一项专利，用于识别双翼系统的翼间干扰[18]。后翼位于前翼的上方，其采用的翼型和展弦比使得其升力线斜率比前翼大（采用相同翼型时，后翼的展弦比要足够大），从而保证系统的纵向稳定性（图 1 - 14）。前翼后缘与后翼前缘之间的距离为后翼平均气动弦长（MAC）的 0.5～1.5 倍。后翼面积相当于前翼面积的 0.4。其原理为：后翼降低了对前翼后缘的抽吸效应，因此前翼的分离区比没有干扰的机翼小，两翼组合的失速攻角因此增加到大于 30°。

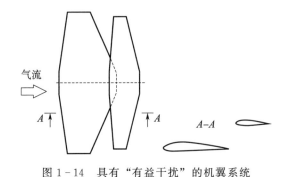

图 1 - 14　具有"有益干扰"的机翼系统

虽然如此，这种串置翼布局并没有被现代飞机设计所采纳，其缺点如下：

· 机翼展弦比较低（前翼～3，后翼～4.5），虽然增加了失速攻角，但同时也降低了最大升阻比。

· 由于前后机翼之间以及后翼下表面气流加速的影响，小攻角（$\alpha < 5°$）时后翼产生的升力下降（下表面的抽吸意味着负升力），因此和单翼相比，串置翼会对前翼产生正面影响，但也不可避免地对后翼产生负面影响。

· 中等攻角下（对于上述布局，约 10°～15°），后翼位于前翼的气动影响区，速度降低会导致升力进一步减小；总体上，该布局与前升力面在上、后升力面在下且舵面位于后升力面的布局效果相反。

· 大攻角下，由于流动分离首先发生在后翼（流动干扰对前翼产生正向影响），升力下降，系统受抬头力矩影响无法保持平衡而进入螺旋状态，这与常规串置翼方案相反。对于具有一个以上升力面的气动布局（常规布局、串置翼布局、鸭式布局、连体机翼布局）而言，流动分离应从前翼（机翼、鸭翼或稳定面）开始。

2009 年，郊狼无人机（Coyote）面世（图 1 - 15），其主要通过遥控操作，可重复使用 5 次，并非严格意义上的自杀无人机。翼展 1.47 m，机身长 0.79 m，设计飞行高度 150～365 m（最大升限可达 6 100 m），最大起飞重量 6.4 kg，巡航速度 110～140 km/h，航时可达 1.5 h。机翼可折叠，前翼较高，后翼较低[19]，气动性能优于弹簧刀布局，前后机翼垂直方向间距约 110 mm，水平方向距离约 480 mm。

Piranha 无人机同样采用可折叠机翼设计，前翼在上，后翼在下，双垂尾布局，机身截面为矩形（图 1 - 16）。机翼之间距离小于郊狼无人机，无人机总重 2.3 kg，载荷 0.7 kg，巡航速度约 76 km/h，航时 10～20 min，翼展 750 mm，机身长 476 mm[20]。

Talisman 无人机是意大利设计的更大级别无人机（图 1 - 17），翼展 3.6 m，最大起飞重量 50 kg，飞行速度 53～155 km/h（最佳速度 94 km/h），航时可达 25 h[21]。其主要特点为：

· 飞行包线内安全稳定飞行。

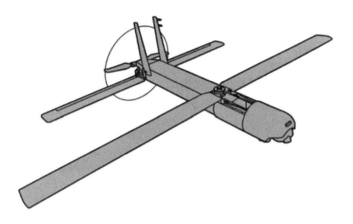

图 1 - 15 Coyote 无人机

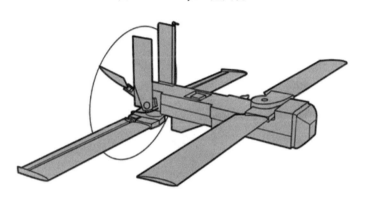

图 1 - 16 Piranha 无人机

- 和空重相比,载重能力非常高(可以携带 2.4 倍于空重的有效载荷和燃料)。
- 采用了防失速和防尾旋设计[22,23]。

基于该无人机衍生了最大起飞重量 150 kg、300 kg 和 750 kg 的无人机型号。

2011 年迪拜航展展出的中空长航时无人机"United 40"(图 1 - 18),翼展 17.5 m,机身长度 11 m,升阻比可达 43,航时不小于 25 h[24]。

乌克兰也开展了串置翼无人机设计。Kharkiv 航空大学设计了 Poisk - 2 系统(Search - 2),其起飞重量 60 kg(载荷 15 kg),巡航速度 180 km/h,设计航时 5 h[25]。可弹射起飞或从移动车辆上起飞,通过降落伞回收。该无人机即使在低空湍流大气中也是动态稳定的,具有较高的机动性,可用攻角范围内升阻比较高,重心配置范围也较大。

该大学还设计了 Inspector - 1 和 Pchiolka(Bee)两款布局相似的无人机[26]。前者主要用于管道巡检,起飞重量 250 kg,机身长 3.1 m,翼展 4.8 m,巡航速度 150 km/h,航时可达 10 h(图 1 - 19),依靠弹射起飞或从车上起飞。

Pchiolka 主要用于对边境等地区的远程监视(图 1 - 20),无人机起飞重量 35~75 kg,巡航速度 50~150 km/h,升阻比可达 15。前面三款无人机机身较高,长度相对较短,垂尾位于后翼的中间。

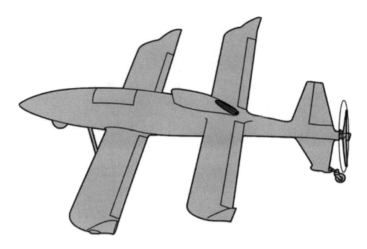

图 1 - 17　Talisman 无人机

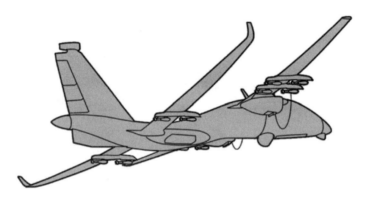

图 1 - 18　United 40 MALE 无人机

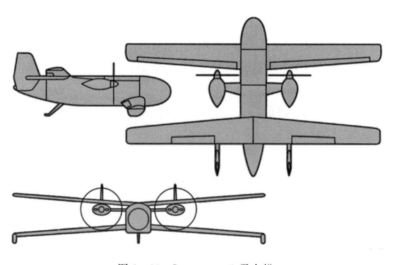

图 1 - 19　Inspector - 1 无人机

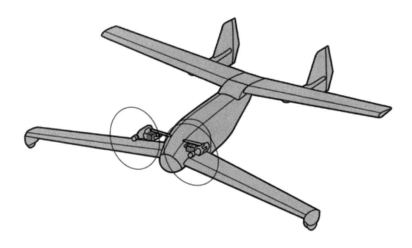

图 1 - 20　Pchiolka 无人机

2016 年，乌克兰国防工业公司推出了用于侦察的 Dragonfly 1603 无人机（图 1 - 21）。最大起飞重量小于 4 kg，手抛起飞，靠降落伞着陆，翼展 1.9 m，长 1.25 m，巡航速度 50 km/h，最大速度 120 km/h，航时 2 h，航程 140 km，布局特点为采用前拉螺旋桨、大展弦比、平滑翼尖小翼和单垂尾设计[27,28]。

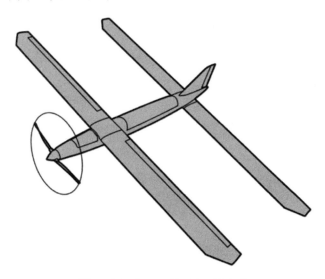

图 1 - 21　Dragonfly 1603 无人机

Pilum 无人机为类弹簧刀自杀式无人机，可利用载具或载机空中投放（图 1 - 22），巡航速度为 90 km/h，最大速度 110 km/h，可携带 2 kg 战斗部在 30 min 内飞行 50 km，最大飞行重量 10 kg，最大飞行高度 2 km[29]，已完成飞行演示试验[30]。

澳大利亚于 2010 年推出了一款可快速组装的微型串置翼无人机[31]。气动布局与上述大多数无人机类似：前翼较高，后翼较低，翼间垂直和水平距离均较大（图 1 - 23）。为增加展弦比，机翼可伸缩且可拆卸。

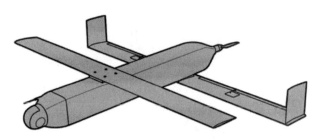

图 1 - 22　Pilum 自杀式无人机

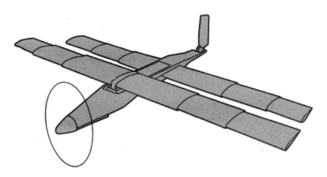

图 1 - 23　微型无人机

2014 年，洛克希德·马丁公司设计了可在空中和水下航行的 Vector Hawk 跨介质无人机（图 1 - 24），该固定翼无人机机翼可折叠，可采用筒式垂直发射，最大重量 1.75 kg，载荷 0.34 kg，巡航速度 30 节（56 km/h），最大速度 70 节（130 km/h），航时长达 2.5 h，后翼翼尖小翼向下，起到垂尾的作用，采用前拉式螺旋桨，前后机翼上均设计有控制舵面，约占展长的 70%。

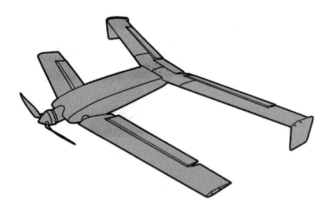

图 1 - 24　Vector Hawk 无人机

Trident 可折叠无人机可用于载荷投放和大气研究（图 1 - 25），翼展和机身长度均为 0.91 m，最大起飞重量 2.2 kg，载荷 0.87 kg，航时 25min，失速速度 74 km/h，巡航速度 93 km/h，后推式螺旋桨设计，X 形垂尾[34]。

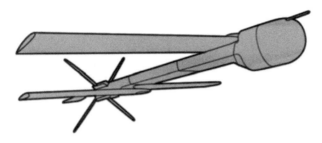

图 1 - 25　Trident 无人机

2015 年，Aeroxo 设计的垂直起降无人机 ERA - 101 进行了首飞，最大起飞重量 24 kg（其中载荷 7 kg），翼展 1.3 m，最大飞行速度 200 km/h，航程可达 500 km。主要用于远程监视、搜索救援、环境监视和货物运输，售价 40 000～50 000 美元。

2017 年，Tango 2 无人机（2006 年 Tango 无人机改进型）进行了首飞（图 1 - 26），其机翼垂直方向距离增加，推进系统为涵道式尾推螺旋桨，还可起到方向舵的作用。结构采用复合材料，重 5.9 kg，载荷 1 kg，巡航速度 12～14 m/s（43～50 km/h），可采用不同方式起飞，续航时间 1.5～3 h[35,36]，如果携带额外电池及太阳能电池板，航时会更长。

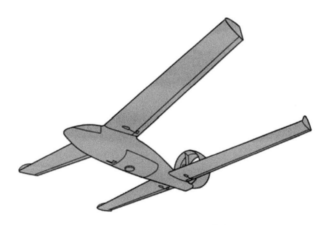

图 1 - 26　Tango 2 无人机

Spectre 是英国 2018 年推出的一款电动倾转旋翼无人机（图 1 - 27），该无人机能够快速过渡到平飞状态，携带载荷时无人机总重可达 100 kg，其中载荷 25 kg，巡航速度 180 km/h，巡航高度可低于 100 m，航时超过 60 min，作战半径 10 km，翼展 2 m，利用 8 个前后成对布置的螺旋桨提供动力（每片机翼 2 个）。

Spectre 可在视线外 "发现-摧毁" 目标或者携带武器对目标进行 "侦察-监视"，可携带的任务模块包括补给载荷、传感器载荷或者电子战载荷等。Spectre 无人系统可以单独执行任务，也可以以集群模式合作执行任务[38,39]。

Eraole 是由法国推出的单座环保飞机，前后机翼均安装有太阳能电池板（图 1 - 28），目标是实现跨大西洋飞行。但太阳能电池板只能提供所需能量的 25%，生物燃料发动机提供 55%，剩下的 20% 靠飞机在上升气流中滑翔飞行提供。飞机翼展 14 m，机长 7.5 m，

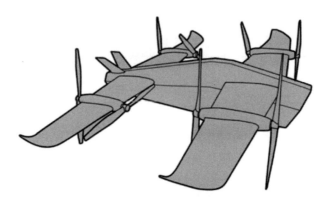

图 1 - 27　Spectre 无人机

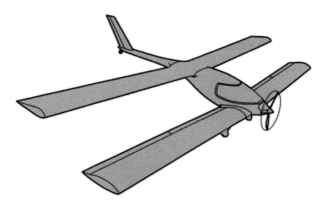

图 1 - 28　Eraole 飞机的原型设计

重量 750 kg，最大速度 140 km/h，对应能量效率最高的飞行速度是 65 km/h[40,41]。需要指出的是，在已进行的飞行试验中，由于其安装了小的水平安定面，Eraole 并非纯粹意义上的串置翼飞机。

空客公司的 Vahana 项目旨在设计适合城市使用的电动载人垂直起降飞机（图 1 - 29），目标是以 175 km/h 速度飞行 80 km，可用作出租、货物运输、急救和救护等用途[5,43]。与其类似的还有 Lilium 飞机，这是第一款垂直起降电推进的飞机，属于鸭翼布局而非串置翼布局[44]。和 Vahana 相比，Lilium 通过旋转机翼和鸭翼舵面而非整个机翼来实现推力方向的调整，涵道电推进矢量控制（DEVT）是其核心技术。Lilium 飞机有四座和六座两种设计，其目的是取得 EASA 和 FAA 的适航证，为此在 2015—2022 年间，先后发展了 5 代技术验证机。

2014 年，美国一款电动单座两栖垂直起降飞机 Opener BlackFly 进行了首飞（图 1 - 30），机身采用碳纤维聚合物制造，前后机翼上的 8 个前拉式螺旋桨设计和 Vahana 类似，但机翼不可旋转。每个发动机重 2 kg，可以产生 59 kg 的拉力，由发动机后面机翼内的两个电池驱动。所有机翼上均有控制面，可采用降落伞进行降落。空重 158 kg，飞行员体重需在 104 kg 以下，翼展和机身长度大致相等（4.1 m），巡航速度 96 km/h，续航里程为

32 km（含 20%余量），利用快充技术可在 25 min 内充电 80%。采用低噪声、零排放设计，满足 FAR103 轻型飞机适航标准。在美国，驾驶该飞机不需要飞行执照，只需要通过飞机相关的培训和考试[45,46]。

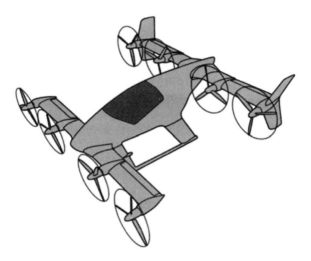

图 1-29　空客 Vahana 空中出租车

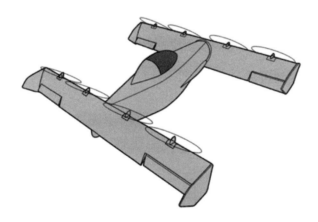

图 1-30　Opener BlackFly 飞机

Emotion 飞机所有螺旋桨均布置于机翼前缘（图 1-31），这一点和前面的项目类似，目前处于飞行测试阶段。通过 CFD 优化设计，Emotion 的目标是利用 16 个电机实现垂直起降。前翼翼展 5.5 m，后翼翼展 6.06 m，机身长 4.2 m，水平飞行状态下升阻比约为 16[48]，可以 250 km/h 的巡航速度飞行 600 km[47]。

由于载人飞机安全性要求极高[49]，空中出租车的发展面临着很多问题，但是对于货运无人机而言难度相对小一些。斯洛文尼亚 Pipistrel 研发的 Nuuva V300 无人机是一款混合动力垂直起降（Hybrid VTOL）无人机，最大起飞重量 1 700 kg，典型配置是携带 65 kg 燃料＋460 kg 载荷，货舱容积 3 m³（图 1-32）。该无人机利用 8 个电机实现垂直起降，1 台 IC 发动机提供水平飞行动力，前后翼翼展均为 13.2 m，翼面积 23 m²，快速巡

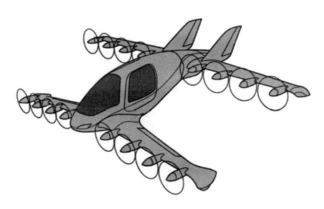

图 1 - 31 Emotion 飞机

航速度 220 km/h，经济巡航速度 165 km/h，最大飞行高度 6 000 m，航时可达 12 h。设计航程 300 km，最大航程可达 2 500 km[50]。2022 年 4 月该无人机已经收到 15 架订单[51]。

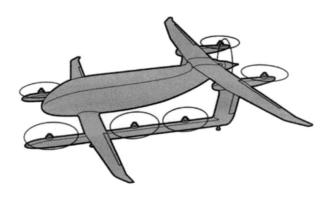

图 1 - 32 Nuuva V300 无人机

　　来自中国科学院的研究人员正在研发一款速度 6 000～8 000 km/h、载重 5 t 或 50 名乘客的飞机[52]，飞机模型拥有 2 对机翼，已经在 $Ma=5$～7 的风洞中进行了吹风试验。飞机设计基于的正向干扰原理是利用超声速下前翼产生的激波打到后翼相对厚度最大位置（图 1 - 33），随着波后压力的增加，后翼产生的升力增加，阻力降低[53,P453]。文献［54］利用数值方法研究了马赫数达 2.5 的基于该布局的 Busemann 双体飞机。

　　以下章节中，未考虑跨声速和超声速串置翼飞机。

　　对于大气层卫星（又称伪卫星）而言，串置翼布局也是较合理的选择。这是一种太阳能动力的无人机，机翼面积需要足够大以布置太阳能电池板。由于需要高升阻比，因此需要大的展弦比，展长相对也要很大，因此将升力面一分为二，也较容易设计。

　　UAVOS 公司的高空伪卫星（HAPS）ApusDuo 15 展长 15m（图 1 - 34），可携带 2 kg 载荷，最大起飞重量 43 kg，升阻比超过 30，在纬度 20°以上，该无人机可以在 12 km 高度以上无限飞行。ApusDuo 15 可以在草地上利用电绞盘助推起飞，或者在跑道上滑跑起飞，需要 3 名工作人员协助起飞。

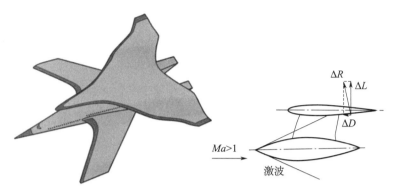

图 1 - 33　基于激波理论设计的超声速串置翼飞机

　　由于没有高升力装置设计，因此降低了重量和成本，增加了可靠性。通过改变机翼部分分段的攻角实现俯仰和滚转控制。在 2022 年 10 月成功进行了飞行试验，无人机飞行高度达到 19 km，超过了设计的 18 km[55-57]。

　　此外，还有许多基于串置翼的扑翼研究，围绕昆虫尺度雷诺数[58-60]展开研究，属于非定常空气动力学研究内容，也不在本书的范围之内。

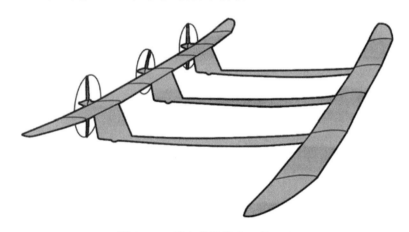

图 1 - 34　高空伪卫星 ApusDuo 15

1.3　结论

　　21 世纪以来，越来越多的无人机和有人机采用"串置翼"气动布局。采用这一布局的研究单位数量以及基于该布局的无人机的数量表明，这并不是偶然现象，而是有充分理由支撑的。

　　串置翼布局已经展示了一系列优势：结构紧凑、高升阻比以及带来的长航时、反尾旋保护、相对垂直起降类飞机以及地效飞行器的稳定性和可靠性，结合参数/性能优化可达到更高的飞行性能，与其他类型的飞行器相比也具有较好的应用前景。

参 考 文 献

［1］ Bowers P (1984). Unconventional aircraft. TAB Books，Blue Ridge Summit. .

［2］ Kroo I (2005). Nonplanar wing concepts for increased aircraft efficiency. VKI lecture series on
innovative configurations and advanced concepts for future civil aircraft，6 – 10 June 2005. https：//
lf5422. com/wp – content/uploads/2014/08/vki ＿ nonplanar ＿ kroo – 1. pdf.

［3］ Sobolev DA (1989). Samolioty osobyh shem (Aircraft of special layouts). Mashinostroenie，
Moscow.

［4］ Minardo A (2014). The tandem wing：theory，experiments，and practical realisations. Disserta –
tion，Politecnico Di Milano，Milano.

［5］ Vahana. The next technological breakthrough in urban air mobility (2019). The Index Project.
https：//theindexproject. org/award/nominees/2645. Accessed 2 Oct 2022.

［6］ Kryvokhatko IS (2015). Metod vyznachennya aerodynamichnyh kharakterystyk litalnogo aparata
skhemy tandem (Method for aerodynamic characteristic determination of tandem wing aircraft).
Dissertation，National Aviation University，Kyiv.

［7］ Dyke G，de Kat R，Palmer C et al (2013). Aerodynamic performance of the feathered dinosaur
microraptor and the evolution of feathered flight. Nat Commun 2489 (4)：1 – 9. https：//doi. org/
10. 1038/ncomms3489.

［8］ Evangelista D，Cardona G，Guenther – Gleason E，Huynh T，Kwong A，Marks D et al (2014).
Aerodynamic characteristics of a feathered dinosaur measured using physical models. Effects of form
on static stability and control effectiveness. PLoS One 9 (1)：e85203. https：//doi. org/10. 1371/
journal. pone. 0085203.

［9］ Letatelnye apparaty (Flying Vehicles) (2007). http：//aeroclub. com. ua/？ module＝articles＆c＝
La＆b＝3＆a＝2. Accessed 2 Oct 2022.

［10］ Gideon E (2003). File：Rutan quickie q2. jpg. https：//commons. wikimedia. org/wiki/File：Rutan ＿
quickie ＿ q2. jpg. Accessed 2 Oct 2022.

［11］ Wolkovitch J (1979). Subsonic VSTOL aircraft configurations with tandem wings. J Aircr 16 (9)：
605 – 611. https：//doi. org/10. 2514/3. 58574.

［12］ Scott W (1988). Scaled composites tests low – altitude，long – range capability of ATTT aircraft.
Aviation Week Space Technol 18：26.

［13］ Pogodin V (2004). Tandem – novoe slovo v aviatsii? (Is Tandem a new word in aviation?).
http：//dlib. eastview. com/browse/doc/6439130. Accessed 2 Oct 2022.

［14］ Gibbs Y (2017). NASA Armstrong fact sheet：proteus high – altitude aircraft. https：//
www. nasa. gov/centers/armstrong/news/FactSheets/FS – 069 – DFRC. html. Accessed 2 Oct 2022.

［15］ Sklar M (2007). Integrated defense systems. Diversity in design. https：//www. boeing. com/
news/ frontiers/archive/2006/december/i ＿ ids03. pdf. Accessed 2 Oct 2022.

[16]　DraganFly Tango Manuals（2007）. https：//www. manualslib. com/manual/641088/Draganfly -
Tango. html. Accessed 2 Oct 2022.

[17]　Switchblade 300（2022）. Army recognition. https：//www. armyrecognition. com/us _ american _
unmanned _ aerial _ ground _ vehicle _ uk/switchblade _ 300 _ miniature _ loitering _ munition _ sui
cide _ drone _ data _ fact _ sheet. html. Accessed 2 Oct 2022.

[18]　Biryukov II（2008）. Dvuhkrylyevaya sistema s polozhitelnoy interferentsiyey（Two - wing sys - tem
with favorable interference）. RU Patent 2381142，7 Aug 2008.

[19]　Coyote（2017）. NavalDrones. http：//www. navaldrones. com/Coyote. html. Accessed 2 Oct 2022.

[20]　2011 SCOAR Spring Meeting. CIRPAS Piranha Handout（2011）. Manualzz. The universal manuals
library. https：//manualzz. com/doc/8939294/2011 - scoar - spring - meeting - cirpas - pira nha -
handout. Accessed 2 Oct 2022.

[21]　Talisman S（2019）. Elytron Aeronautica. http：//www. elytron - aeronautica. com/en/platforms/
talisman/. Accessed 2 Oct 2022.

[22]　UAV Navigation Carries Out A New Adaptation In The Shortest Period Of Time（2022）UAV
Navigation. https：//www. uavnavigation. com/company/news - and - events/uav - navigation -
carries - out - new - adaptation - shortest - period - time. Accessed 2 Oct 2022.

[23]　Talisman Unmanned Aerial Vehicle（2022）. Verdict Media Limited. https：//www. aerospace -
technology. com/projects/talisman - unmanned - aerial - vehicle/. Accessed 2 Oct 2022.

[24]　Osborne T（2011）Dubai Airshow 2011：Adcom unveils United 40 MALE UAV. Shephard Press
Limited. https：//www. shephardmedia. com/news/uv - online/dubai - airshow - 2011 - adcom -
unveils - united - 40 - male - ua/. Accessed 2 Oct 2022.

[25]　Bespilotnyy letatelnyy apparat Sapsan（Sapsan UAV）（2014）. Ekonomicheskie novosti（Eco -
nomic News）. https：//enovosty. com/armiya/full/375 - bespilotnyj - letatelnyj - apparat - sapsan.
Accessed 2 Oct 2022.

[26]　Grebenikov AG，Myalitsa AK，et al（2009）. Problemy sozdaniya bespilotnyh aviatsionnyh kompleksov v
Ukraine（Problems of unmanned aerial system development in Ukraine）. KhAI Kharkiv 42：111 - 119.

[27]　Military Uncrewed Systems Handbook. Issue 30（2022）Shepard Media. https：//handbooks.
shephardmedia. com/view/553589908/174/♯zoom＝true. Accessed 3 Oct 2022.

[28]　Products. Dragonfly - 1603（2022）. Arkeik Space Technologies. http：//www. arkeik. com/
products/. Accessed 3 Oct 2022.

[29]　Pilum（2022）ADrones https：//adrones. com. ua/drones/pilum/. Accessed 3 Oct 2022.

[30]　Kamikaze drone PILUM（2019）. A. Drones. https：//youtu. be/OtK7tvu0ht4. Accessed 3
Oct 2022.

[31]　Treble M（2013）UAV body. https：//web. archive. org/web/20131107170648/http：//www.
marctreble. com/portfolio/glare/. Accessed 2 Oct 2022.

[32]　Vector Hawk Small Unmanned Aircraft System（sUAS）（2016）Naval technology. https：//www.
naval - technology. com/projects/vector - hawk - small - unmanned - aircraft - system - suas/.
Accessed 3 Oct 2022.

[33]　Lockheed Martin unveils the Vector Hawk（2014）. Defense update. http：//defense - update. com/
20140514 _ lockheed - martin - unveils - the - vector - hawk. html. Accessed 3 Oct 2022.

［34］ Trident（2015）. Unmanned integrated systems. http：//uis. sg/author/uisadmin/. Accessed 3 Oct 2022.

［35］ Draganfly Announces New Fixed‑Wing Aircraft The Tango2（2017）. UAS Weekly. https：// uasweekly. com/2017/05/10/draganfly‑announces‑new‑fixed‑wing‑aircraft‑tango2/. Accessed 3 Oct 2022.

［36］ Draganflyer Tango2（2017）. Draganfly Inc. https：//www. draganfly. com/aircraft‑panel. html. Accessed 3 Oct 2022.

［37］ ERA‑101（2017）. Avia Pro. https：//avia. pro/blog/era‑101‑tehnicheskie‑harakteristiki‑foto. Accessed 3 Oct 2022.

［38］ MBDA unveils Spectre Combat UAV Concept（2018）. UAS Vision. https：//www. uasvision. com/2018/09/21/mbda‑unveils‑spectre‑combat‑uav‑concept/. Accessed 3 Oct 2022.

［39］ The MBDA Spectre（2018）. Military factory. https：//www. militaryfactory. com/aircraft/detail. asp? aircraft_id=2025. Accessed 3 Oct 2022.

［40］ The Eraole Challenge（2020）. Eraole. https：//eraole. com/en/the‑eraole‑challenge/. Accessed 3 Oct 2022.

［41］ Eraole，l'avion du future（2013）. Technologies de Pointe. https：//up‑magazine. info/technologies‑a‑ la‑pointe/technologies/1946‑eraole‑l‑avion‑du‑futur/. Accessed 3 Oct 2022.

［42］ Sigler D（2018）. Eraole in flight‑further and higher. Sustainable Aviation Foundation. http：// sustainableskies. org/eraole‑flight‑higher/. Accessed 3 Oct 2022.

［43］ 5 Best Personal Aircraft‑Passenger Drones（Flying Taxis）and Flying Cars（2017）. TerkRecoms‑ Tech TV. https：//www. youtube. com/watch? v=_dNPjqLyxSI. Accessed 3 Oct 2022.

［44］ Introducing the first electric vertical take‑off and landing jet（2022）. Lilium. https：//lilium. com/ jet. Accessed 3 Oct 2022.

［45］ Opener Reveals Ultralight eVTOL（2019）. Aviation Publishing Group. https：//www. avweb. com/recent‑updates/business‑military/opener‑reveals‑ultralight‑evtol/. Accessed 3 Oct 2022.

［46］ BlackFly（2018）. Opener. https：//opener. aero/. Accessed 3 Oct 2022.

［47］ Unparalleled performances（2021）. Emotion Aircraft SL. https：//www. emotion‑aircraft. com/ technicalspecs. Accessed 4 Oct 2022.

［48］ Designed for superior aerodynamics（2021）. Emotion Aircraft SL. https：//www. emotion‑ aircraft. com/aerodynamics. Accessed 4 Oct 2022.

［49］ Flying taxis are taking off to whisk people around cities（2019）. The Economist. https：//www. economist. com/science‑and‑technology/2019/09/12/flying‑taxis‑are‑taking‑off‑to‑whisk‑ peo ple‑around‑cities. Accessed 4 Oct 2022.

［50］ NUUVA V300（2022）. Pipistrel by Textron eAviation. https：//www. pipistrel‑aircraft. com/ aircraft/nuuva‑v300/♯tab‑id‑3. Accessed 4 Oct 2022.

［51］ Pipistrel and Lobo Leasing sign partnership（2022）. Pipistrel by Textron eAviation. https：//www. pipistrel‑aircraft. com/pipistrel‑and‑lobo‑leasing‑sign‑partnership‑and‑place‑order‑for‑ 15‑nuuva‑v300‑hvtol‑aircraft/. Accessed 4 Oct 2022.

［52］ Illmer A（2018）. Examining China's hypersonic transport plans. BBC News，Singapore. https：// www. bbc. com/news/business‑43151175.

［53］ Votyakov VD（1972）. Aerodinamika letatelnyh apparatov i gidravlika ih sistem（Aerodynamics of aircraft and hydraulics of their systems）VVIA named after prof. NE Zhukovsky，Moscow.

［54］ Patidar VK，Yadav R，Joshi S（2016）. Numerical investigation of the effect of stagger on the aerodynamic characteristics of a Busemann biplane. Aerosp Sci Technol 55：252－263. https：// doi. org/10. 1016/j. ast. 2016. 06. 007.

［55］ New UAVOS HAPS ApusDuo variant completes test flight（2019）. Military＋Aerospace Elec - tronics. Indeavor Business Media. https：//www. intelligent－aerospace. com/unmanned/arti cle/ 14071325/uavos－haps－apusduov－test. Accessed 4 Oct 2022.

［56］ Host P（2020）. Update：UAVOS flight tests HAPS ApusDuo in unstable atmospheric conditions. Janes. www. janes. com/defence－news/news－detail/update－uavos－flight－tests－haps－apusduo－in－ unstable－atmospheric－conditions. Accessed 4 Oct 2022.

［57］ High－Altitude Pseudo－Satellite ApusDuo Aircraft（2020）. UAVOS Inc. https：//www. uavos. com/ products/fixed－wing－uavs/apusduo－atmospheric－satellite. Accessed 4 Oct 2022.

［58］ Arranz G，Flores O，García－Villalba M（2020）. Three－dimensional effects on the aerodynamic performance of flapping wings in tandem configuration. J Fluids Struct. https：//doi. org/ 10. 1016/ j. jfluidstructs. 2020. 102893.

［59］ Peng L，Zheng M，Pan T，Su G，Li Q（2021）. Tandem－wing interactions on aerodynamic performance inspired by dragonfly hovering. R Soc Open Sci. https：//doi. org/10. 1098/ rsos. 202275.

［60］ Bie D，Li D（2022）. Numerical analysis of the wing－wake interaction of tandem flapping wings in forward flight. Aerosp Sci Technol 121. https：//doi. org/10. 1016/j. ast. 2022. 107389.

第 2 章　串置翼飞机空气动力学特性研究

研究串置翼飞机空气动力学特性的方法与常规布局（由两个机翼、一个机身、平尾和垂尾组成）方法的分类相同：

- 分析法——基于理论空气动力学和试验数据。
- CFD 方法——求解雷诺平均的纳维-斯托克斯方程（RANS），可以采用不同的湍流模型，如 Menter $k - \omega$ SST 两方程模型。
- 试验方法——利用风洞对飞机模型进行吹风试验。
- 飞行试验。

在本章中，我们将看到，针对串置翼布局的分析法和数值计算方法发展要弱于传统布局，风洞试验和飞行试验是最可信的气动特性数据来源。

2.1　串置翼飞机流场物理特性

研究串置翼布局时，不管是采用分析法还是数值方法，需要考虑前后翼之间的下述三方面干扰：

1) 流动阻滞（减速）；
2) 流动转捩；
3) 下洗流与上洗流（后翼对前翼的影响相对较弱）。

只有后翼直接暴露在前翼尾流中时，前两种影响才非常显著，此时后翼产生的升力降低（由于来流速度较小），阻力增大（流动从前缘开始转捩）。从纵向稳定性上看此时性能也很差：后翼进入尾流流场前后产生的升力会突变，从而引起俯仰振荡。唯一一例外（或缓解）因素是后翼处于螺旋桨的滑流中（图 1-29～图 1-31），此时前翼的流动阻滞效应不明显，但由于转捩成湍流导致摩擦力加大，升阻比仍然较低。

前后翼之间干扰的第三方面（不均匀的上洗/下洗）对于所有布局的飞机而言都很重要，翼尖涡的影响远大于自身尺度，整个后翼的实际攻角在翼展方向并不相同。可以增加前翼翼尖涡与后翼平面间的距离来减小干扰，但完全忽略将是非常粗略的近似。

图 2-1 是翼尖涡的示意图。基于茹科夫斯基理论[1,P99]，机翼可用产生一系列马蹄涡的附着涡以及两个翼尖涡（自由涡）代替。考虑对称面时，翼尖涡会朝内收缩（图 2-2）。对于前后两组机翼而言，由于涡之间的相互影响，真实的涡的图像会更复杂，主要是对称平面同侧的单向排斥涡（图 2-3），对称面另一侧会产生相同量级的反向涡，因此其相互作用可以忽略。

图 2-4 和图 2-5 给出了串置翼布局无人机翼尖涡轨迹的试验图片[2]。由于风洞模型

配重引起结构变形，设计的机翼翼差角（前后机翼安装角之差）为 $4°$（$\Delta\varphi = \varphi_2 - \varphi_1 = +4°$），而实际为负（$\Delta\varphi = -1° \sim -4°$）。

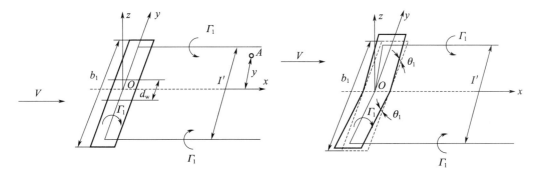

图 2-1　确定由附着涡和翼尖涡产生诱导速度的简化方案

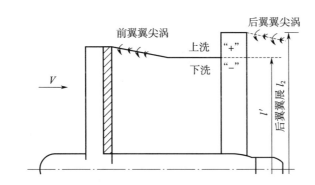

图 2-2　由前翼翼尖涡产生的下洗（一）和上洗（＋）区

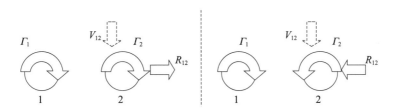

图 2-3　单向排斥涡及反向吸引涡：涡 1 产生诱导速度 V_{12}，涡 1 对涡 2 产生力 R_{12}

因此，试验中前机翼产生的升力要小于其理论升力，和实际串置翼飞机相比，其翼尖涡强度更弱，与实际偏离也更大。

前机翼涡相对后机翼的位置决定了后机翼环量（升力）的分布及其产生的诱导阻力（图 2-6）。大攻角情况下，流动会首先在前翼分离（图 2-7），此时由于前翼升力损失使得无人机低头并恢复到正常飞行攻角范围，从而提高了无人机的纵向稳定性。

图 2-4　串置翼无人机模型的翼尖涡轨迹（底面在上，俯视照片）

图 2-5　串置翼无人机模型的翼尖涡轨迹（底面在上，侧视照片）（见彩插）

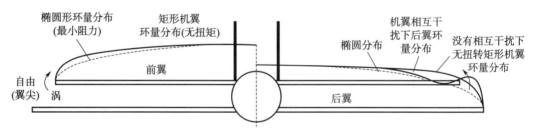

图 2-6　前翼（左）与后翼（右）展向环量分布，翼尖涡位置与前翼截面重合

图 2 - 7　仅在前翼发生的流动分离（$\alpha = 16°$，数据来源于参考文献 [3]）

2.2　分析方法

正如第 1 章所言，串置翼布局主要用于低马赫数飞行，通常采用矩形或椭圆形机翼，无后掠或后掠角较小。

本节介绍的直接分析方法主要是基于数值方法进行积分计算（利用 MathCAD 软件可以在极短的时间内对流动下洗和上洗进行计算，其精度比经典方法更高）。基于数学物理方程进行分析方法推导，虽然许多控制方程形成于一个世纪前。在对物理现象进行简化的基础上确定下洗对后翼影响，并计算升阻力系数，详细过程可见参考文献 [4]。

经典计算方法是基于普朗特理论的，包括马蹄涡假设以及对下洗流一般形式下的近似积分。确定前后机翼受到的上洗/下洗流可用下式进行表述

$$\varepsilon_{12} = k_{12} \frac{C_{L2}}{4\pi} \frac{c_2}{b_1} \sqrt{k_V}, \quad \varepsilon_{21} = k_{21} \frac{C_{L1}}{4\pi \sqrt{k_V}} \frac{c_2}{b_2} \qquad (2-1)$$

其中，　$k_{12} = \ln \dfrac{\sqrt{l_x^2 + b^2 + h^2} + l_x}{\sqrt{l_x^2 + c^2 + h^2} + l_x} - \dfrac{l_x}{l_x^2 + h^2}(\sqrt{l_x^2 + b^2 + h^2} - \sqrt{l_x^2 + c^2 + h^2})$

　　　　　$k_{21} = \ln \dfrac{\sqrt{l_x^2 + b^2 + h^2} + l_x}{\sqrt{l_x^2 + c^2 + h^2} + l_x} + \dfrac{l_x}{l_x^2 + h^2}(\sqrt{l_x^2 + b^2 + h^2} - \sqrt{l_x^2 + c^2 + h^2})$

式中　b——平均翼展，$b = (b_1 + b_2)/2$；

　　　c——翼展差，$c = (b_1 - b_2)/2$；

　　　l_x，h——分别为沿流向及垂直方向机翼之间的距离，攻角对其也有影响。

总诱导阻力可用下式计算

$$D_i = \frac{1}{\pi q}\left[\left(\frac{L_1^2}{b_1^2}\right) + 2\sigma \frac{L_1}{b_1} \frac{L_2}{b_2} + \left(\frac{L_2^2}{b_2^2}\right)\right]$$

其中，σ 为普朗特系数（干扰因子）：

$$\sigma = \frac{1}{8}\ln \frac{b^2 + h^2}{c^2 + h^2} \qquad (2-2)$$

文献 [5，P410] 中对经典理论进行了修正，给出了微分-积分方程的 39 阶傅里叶级

数解，而经典普朗特理论只给出了一阶解。然而，当机翼垂直方向距离为零时解存在奇异，此外，解的基础仍然是基于马蹄涡理论，可视化试验表明该理论仍不够精确。

文献［6，7］给出了俯仰力矩的计算表达式，唯一的问题是对流动上洗/下洗的准确定义。

本书给出了下洗流动的准确分析定义，避免了针对积分的近似计算，并且考虑了对称面对翼尖涡的收缩效应。

2.2.1 流动减速

基于试验数据[8，P119]（图 2 - 8）研究流动减速现象。从图中可以看出，来流马赫数 $Ma = 0.25$ 时，如果后翼位于前翼下方，则后翼表面的流动减速（包括雷诺数降低）是可以忽略的。不考虑其他影响因素（如地面效应）的情况下，该飞行器布局是最合适且最容易计算的。最大流动减速（最小气流减速系数 k_V）发生在 $z/c \approx 0.3$ 处，即 $k_V = q_2/q_1 \approx 0.93$。

假设后翼翼展大于前翼，后翼只有一部分受到前翼尾流影响，则可表述为

$$k_V = k_{V1} \frac{l_1}{l_2} + \frac{l_2 - l_1}{l_2} = 1 - \frac{l_1}{l_2}(1 - k_{V1})$$

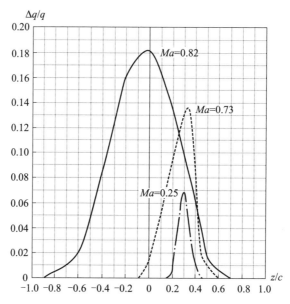

图 2 - 8　升力系数 0.35，不同马赫数下流动减速效应（$1 - k_V$）和 z/c 的关系

2.2.2 流动转捩

流动转捩对后翼的影响很难精确计算和分析。一般来说，许多研究都是聚焦于湍流强度对翼型气动性能的影响[9]，但即使在翼型参数确定的情况下，前翼后流场的湍流强度也不均匀，且主要取决于攻角。然而，通过合理选择布局参数，如双翼之间的垂直距离

（上、下翼配合），可以使得后翼四周流场湍流强度不会增强，那么可以忽略这一因素。

在某些飞行区间，如果后翼处在前翼尾流的影响区，则需要基于湍流边界层理论计算后翼气动特性。在前翼翼展小于后翼的情况下，对应的阻力系数增量为

$$\Delta C_{d2}^* = (C_{d2}^* - C_{d2})b_1/b_2$$

或基于前后机翼总面积

$$\Delta C_{d2}^* = (C_{d2}^* - C_{d2})b_1/b_2 S_2/(S_1 + S_2) = (C_{d2}^* - C_{d2})b_1 c_2/(S_1 + S_2)$$

经验公式[10,P132]

$$C_{d2} = 1.85 C_f \eta_c$$

$$C_f = (0.004\ 6 - 0.002\ 67\ \bar{x}_T)(10^{-6} Re)^{-0.183 - 0.09 \bar{x}_T}$$

$$\eta_c = 1.1 + (0.028\ 6 - 0.023\ 8\ \bar{x}_T)\bar{t}$$

计算 C_{d2}^* 时，取 $\bar{x}_T = 0$，即边界层全部转捩成湍流状态。

尾流对升力系数的影响还取决于翼型参数，相对阻力系数而言，尾流对升力系数的影响较小。

前翼尾流的边界也可以基于流动减速效应（图 2-8）来评估。

研究湍流对前后翼气动特性影响时，利用数值方法对二维和简单的三维（矩形机翼）进行了计算[11]，解释了初始湍流强度对前后机翼气动特性的影响。不同的湍流模型得到不同的定量分析结果，一般而言，应该首选 $k - \omega$ 湍流模型，因为其长处在于小尺度湍流模拟，并且较好地模拟了较高压力梯度情况下的近壁湍流[12,P21]。在确定机翼之间相互干扰时，数值分析和试验结果方面存在矛盾之处，数值方法还是识别出了一些干扰模式。在升力和俯仰力矩与攻角呈线性关系区域，湍流强度对升力与俯仰力矩的影响较小，这与之前的试验数据相吻合[9]。

2.2.3　流动下洗/上洗

对于串置翼布局而言，即机翼之间的干扰主要是尾翼的实际攻角的变化所引起的。因此在下文中，主要考虑下洗流垂直方向的速度分量 V_z，忽略纵向分量 V_x 和侧向分量 V_y。

为了准确地确定布局的下洗流场及诱导阻力，需要在涡相似条件下开展试验并测量数据[13]。由于前后翼的翼尖涡相互排斥，因此其翼尖涡的位置和单独机翼的分析结果是不完全一样的。和湍流一样，需要在合理的几何布局参数基础上，通过合适的翼间垂直分布，使得翼尖涡不会相互靠近，从而使得翼尖涡之间的相互作用对整体气动特性影响很小。

分析确定下洗/上洗的方法如下：

1）根据近似的 Horner 公式[14,P43]，后翼的实际平均攻角小于几何攻角

$$\varepsilon_2 = \varepsilon_{21} + \varepsilon_{22} = -1.6\frac{C_{L1}}{\pi e_1 AR_{\text{eff1}}} - \frac{C_{L2}}{\pi e_2 AR_{\text{eff2}}} \qquad (2-3)$$

其中，第一项表示前翼诱导产生的下洗气流角度（相互诱导），第二项表示后翼自身诱导引起的攻角。

上式的第一项实际上是 Munk 经验公式分别在单翼和双翼两种情况下尾流效应的平均[4,P55]

$$\varepsilon = -1.5 \frac{C_L}{\pi e AR_{\text{eff}}} \text{ 和 } \varepsilon = -1.8 \frac{C_L}{\pi e AR_{\text{eff}}}$$

需要注意的是，该表达式既没考虑机翼翼展差异的影响，也未考虑机翼之间沿 ox 和 oz 方向的距离，实际上这些因素均会影响下洗气流。

2）利用毕奥-萨伐尔公式确定前翼附着涡和翼尖涡在后翼上的诱导速度，可以更加精确地进行计算。CFD 结果（图 2-9）和风洞试验[15,P51]结果显示，翼尖涡主要分布在沿流动方向垂直平面；沿水平面方向看，这些涡在离对称面一定距离处聚集。实际上，由于涡之间相互排斥，涡在垂直平面内的运动投影并非直线；试验中前机翼的安装角比后机翼小，后翼产生的前向涡沿曲线运动（图 2-5）（在串置翼布局中，通常后涡更弱，弯曲更明显）。

图 2-9　XFLR5 计算的矩形机翼翼尖涡

翼尖涡位置

通常情况下，翼尖涡之间距离为[8,P102]

$$l_{\text{iso}} = \frac{1}{\Gamma_0} \int_{-0.5b}^{0.5b} \Gamma(y) \mathrm{d}y$$

对于梢根比为 TR 的单梯形机翼而言，在 Trefftz 平面内，涡之间的距离可以近似表示为[8,P103]

$$l_{\text{iso}} = b(0.64 + 0.25TR)$$

对于矩形机翼，$l_{\text{iso}}/b = 0.89$，与展弦比无关。理论上讲，展弦比对自由涡的位置是有影响的（图 2-10）[16]，可以看出，展弦比 AR 为 6.28、9.42、12.57 和 15.71 时，距离比分别为 0.866、0.890、0.905 和 0.912。

因此，两个不同来源的数据显示了较好的一致性，其中前者是展弦比在 8～10 的商用飞机。只有展弦比非常大的情况（如滑翔机和太阳能飞机），才需要考虑展弦比对自由涡的位置的影响。

考虑机身影响[17,P412]

$$l' = b_1 \left(0.64 + \frac{0.25}{TR_1} \right) k_d + d_w \qquad (2-4)$$

其中，d_w 为翼身连接部位机身直径，k_d 为修正因子，由表 2-1 给出。

表 2-1　修正因子 k_d

d_w/b_1	0	0.1	0.2	0.3	0.4	0.5	0.6	0.7	0.8	0.9	1.0
k_d	1.0	0.98	0.97	0.968	0.968	0.97	0.972	0.98	0.985	0.995	1.0

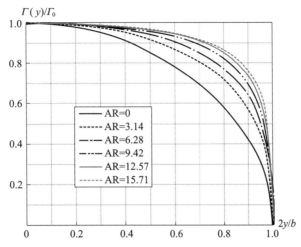

图 2-10　不同展弦比下沿平直机翼的环量分布

翼尖涡诱导速度

低马赫数情况下，以附着涡中心（前翼中间，见图 2-1）为原点，坐标为 (x, y, z) 的点处诱导速度为

$$V_z(y) = -\frac{\Gamma_1(0.5l' - y)}{4\pi((0.5l' - y)^2 + z^2)}\left(1 + \frac{x}{\sqrt{x^2 + z^2 + (0.5l' - y)^2}}\right)$$

$$-\frac{\Gamma_1(0.5l' + y)}{4\pi((0.5l' + y)^2 + z^2)}\left(1 + \frac{x}{\sqrt{x^2 + z^2 + (0.5l' + y)^2}}\right)$$

$$-\frac{\Gamma_1 x}{4\pi(x^2 + z^2)}\left(\frac{0.5l' - y}{\sqrt{x^2 + z^2 + (0.5l' - y)^2}} + \frac{0.5l' + y}{\sqrt{x^2 + z^2 + (0.5l' + y)^2}}\right)$$

前翼为矩形机翼时[1,P277]，涡环量 $\Gamma_1 = 0.5 C_{L1} V_1 \dfrac{S_1}{b_1}$，前机翼为梯形机翼时[8,P103]，涡环量 $\Gamma_1 = C_{L1} V_1 \dfrac{S_1}{b_1} \dfrac{1}{1.285 + 0.5 TR_1}$。上式前两项分别对应于自由涡，最后一项对应于前翼附着涡。

考虑到下洗角一般均为小量（几度），基于涡环量 Γ_1 表达式，可得

$$\varepsilon_{21} = \text{actan}\,\frac{V_z}{V_2} \approx \frac{V_z}{V_2} = \frac{V_z}{\sqrt{k_V}\,V_1}$$

其中，V_2 为后翼上的平均气流速度。简单变换后可得

$$\varepsilon_{21}(y) = -\frac{C_{L1} S_1}{8\pi\sqrt{k_V}\,b_1}\left\{\begin{array}{l} \dfrac{0.5l' - y}{(0.5l' - y)^2 + z^2}\left[1 + \dfrac{x}{\sqrt{x^2 + z^2 + (0.5l' - y)^2}}\right] \\[3mm] + \dfrac{0.5l' + y}{(0.5l' + y)^2 + z^2}\left[1 + \dfrac{x}{\sqrt{x^2 + z^2 + (0.5l' + y)^2}}\right] \\[3mm] + \dfrac{x}{x^2 + z^2}\left[\dfrac{0.5l' - y}{\sqrt{x^2 + z^2 + (0.5l' - y)^2}} + \dfrac{0.5l' + y}{\sqrt{x^2 + z^2 + (0.5l' + y)^2}}\right] \end{array}\right\}$$

$$(2-5)$$

上式形式相当复杂，一般只考虑特殊情况：距离机翼较远的点或者位于飞机对称面上的点[17]。对于传统飞机布局，确定平尾对称面内下洗流的影响时，向左偏移会导致左涡引起的下洗流增加的同时右涡引起下洗流的减少，因此总的下洗流变化不大。但对于串置翼布局的后机翼而言，从翼根处的下洗流到翼尖处的上洗流，每处下洗气流均不一致，因此需要确定每个部位的下洗气流的情况（图 2-2）。确定升力系数时，只需要确定机翼上的平均洗流即可。而计算诱导阻力以及侧滑时的侧向力矩时，则需要考虑沿后翼翼展方向的升力变化。

当前后机翼后掠角和上反角均为零时，考虑前机翼引起的流动减速影响，可以获得诱导速度平均值以及与后翼受到的前翼下洗气流之间的关系

$$V_{Zavg} = \frac{1}{b_2} \int_{-b_2/2}^{b_2/2} V_Z(y)\,\mathrm{d}y$$

$$\varepsilon_{21} = \mathrm{actan}\,\frac{V_{Zavg}}{V_2} \approx \frac{V_{Zavg}}{V_2} = \frac{1}{b_2} \int_{-b_2/2}^{b_2/2} \varepsilon_{21}(y)\,\mathrm{d}y$$

利用数值算法可对上述积分近似计算，计算精度可达 10^{-5}，计算时间通常在几秒以内：如 MathCAD 软件中提供的龙贝格算法及自适应方法的结果直至小数点后四位都相同，Excel 软件也可以进行计算。

黏性涡核

毕奥-萨伐尔公式的不足之处是存在奇点，即在涡轴处诱导速度为无穷大。对于真实气体而言，任何涡均存在一个黏性涡核，涡核内的速度随着与涡轴距离的增加而增加[1,P67]。如果机翼与涡轴之间的距离小于涡核半径，则上述近似将无效。有两种解决方法：假设涡核半径和特征尺度相比是小量[18]，或者更精确一些，假设切向速度与涡核半径 r_0 呈线性关系，也就是通常所称的 Rankine 涡模型，如图 2-11 所示。

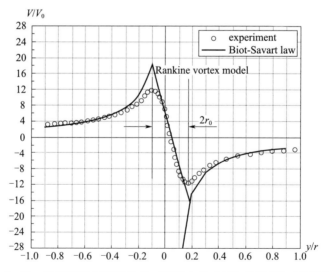

图 2-11　涡周围切向速度分布（基于文献［19］的数据）（见彩插）

风洞试验[20]以及 C-130、波音-757 等飞行试验[21]表明，翼尖涡的涡核半径大约为翼

展的 $1.25\%\sim1.4\%$。本书的研究（2.3 节）中，机翼升力系数在 $0.38\sim0.93$ 之间变化时，涡核半径介于 $0.7\%\sim1.3\%$ 之间。因此，对于研究的攻角范围，当涡和后翼之间的距离大于 $r_0=0.014b_1$（串置翼布局推荐取值）时，可以采用上述公式。否则，需要先确定最大诱导速度（$y=0.5l'+r_0$，$z=0$ 处），然后根据诱导速度进行插值，即速度介于零和最大诱导速度之间，位置介于 $y=0.5l'$ 和 $y=0.5l'+r_0$ 之间。

假设涡核半径已知，针对不同的前翼升力及环量，最大速度可用下式计算

$$V_{\max}=\frac{\Gamma_1}{2\pi\,r_{01}}$$

另一方面，由于实际机翼并非平面，涡核的尺寸和机翼的厚度为同一量级（如 2.4 节的试验，分别为 15 mm 和 13 mm），实际上涡不会穿过机翼，而是沿着上下表面延展，因此使用 Rankine 涡模型无法获得更精确的结果。

在该试验中，随着涡与机翼距离的增加，涡核的尺寸并未发生明显的变化。这与其他风洞的 PIV 试验[22] 一致。因此，在飞机的尺度上，无需采用更精确的涡模型，比如 Lamb - Oseen 模型，该模型中涡会随着黏性的减弱而衰减。

几何因素

实际上机翼一般都具有上反角，此时，流动会变得比较复杂。传统方法是将机翼上反等效为翼盒厚度的变化 Δh 以及翼展的变化。然而这并不准确，因为平直机翼和上反机翼的翼尖涡强度是不一样的，而且附着涡的位置也不同。

前翼上反角为 θ_1 时，自由涡上移 $\Delta h=0.5l'\sin\theta_1$，附着涡中心上移 $\Delta z=0.25l'\sin\theta_1$（图 2-12）。后翼上反角为 θ_2 时，翼间垂直距离 h_0 发生变化，对沿后翼的洗流进行积分时需要注意其 y 坐标和 z 坐标都发生了改变（图 2-13），图 2-14 定义了前后机翼上反角的符号。

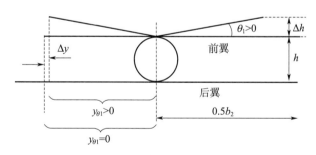

图 2-12　前翼上反角的影响

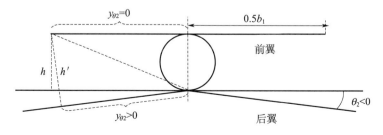

图 2-13　后翼上反角影响

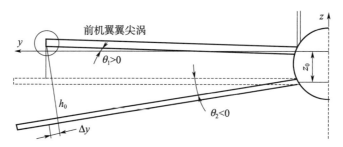

图 2 - 14 前后翼上反角定义

确定零度攻角下的平均洗流时，需考虑如下因素

$$x = l_{x0}, \quad z = h_0 + \mid y \mid \tan\theta_2 - 0.5l'\tan\theta_1$$

其中，l_{x0} 和 h_0 分别为体坐标系下沿机身方向以及垂直机身方向前后机翼 1/4 弦线的距离，积分区间为 $(-0.5b_2\cos\theta_2, 0.5b_2\cos\theta_2)$

$$\varepsilon_{21} = \frac{1}{b_2\cos\theta_2} \int_{-0.5b_2\cos\theta_2}^{0.5b_2\cos\theta_2} \varepsilon_{21}(y)\mathrm{d}y \qquad (2-6)$$

现在考虑后翼翼展为 b_2、上反角 $\theta_2 = 0$ 的情况。

在来流坐标系中，非零攻角下前后机翼间的水平及竖直方向的距离分别为

$$x = l_x = l_{x0}\cos\alpha + (z_0 + \mid y \mid \tan\theta_2 - 0.5l'\tan\theta_1)\sin\alpha$$

$$z = -l_{x0}\sin\alpha + (z_0 + \mid y \mid \tan\theta_2 - 0.5l'\tan\theta_1)\cos\alpha$$

其中，y_0 为零度攻角下机翼翼根间竖直方向的距离（如果后翼处于上方，则 $y_0 > 0$）。

考虑前后机翼后掠角分别为 Λ_1、Λ_2，以及由于翼载而产生弯度的情况

$$
\begin{aligned}
x &= (l_{x0} - 0.5l'\tan\Lambda_1 + \mid y \mid \tan\Lambda_2)\cos\alpha \\
&\quad + (z_0 + \mid y \mid \tan\theta_2 - 0.5l'\tan\theta_1 - h_1 + h_2)\sin\alpha \\
z &= -(l_{x0} - 0.5l'\tan\Lambda_1 + \mid y \mid \tan\Lambda_2)\sin\alpha + \\
&\quad (z_0 + \mid y \mid \tan\theta_2 - 0.5l'\tan\theta_1 - h_1 + h_2)\cos\alpha
\end{aligned}
\qquad (2-7)
$$

其中，h_1 和 h_2 分别为前后机翼在体坐标系下的弯度值，二者均为升力和坐标 y 的函数。知道某一攻角下的最大弯度 $\Delta h_{\max 2}$ 时，可以通过插值的方法获得不同 y 坐标处的弯度

$$h_2(y) = \frac{y - D/2}{l_1/2 - D/2}\Delta h_{\max 2}$$

通过式（2-4）~式（2-7），可以计算任意攻角下后机翼受到的前翼的洗流影响，后续章节中，进一步将其扩展到侧滑角的情形。

确定飞机气动特性时，气流下洗角度通常表示为

$$\varepsilon_{21} = \varepsilon_0 + \varepsilon^\alpha \alpha$$

对 Horner 公式 [式（2-3）] 求导，可得 $\varepsilon^\alpha = -1.6\dfrac{a_1}{\pi e_1 AR_{\mathrm{eff1}}}$，对式（2-6）求导可得到更精确的表达式

$$\varepsilon^\alpha = \mathrm{d}\varepsilon_{21}/\mathrm{d}\alpha \qquad (2-8)$$

$$\varepsilon_0 = -\varepsilon^\alpha \alpha_{01}$$

下洗流的定量分析

分析上述参数影响时，利用表格进行数据分析比较便利。

考虑如下状态：$\theta_1 = \theta_2 = \Lambda_1 = \Lambda_2 = 0°$、$C_{L1} = 0.5(\alpha_0 = -3°$，$\alpha = 2.5°)$ 以及 $TR_1 = 1$，$d = c_1 = 0.1b_1$，表 2-2 和表 2-3 给出了系数 ε^α 与无量纲的翼间水平距离 l_{x0}/b_1、垂直距离 h_0/b_1 以及翼展比 b_2/b_1 之间的关系，当参数在上述区间内变化时，可以利用内插值的方法计算下洗流的参数。

表 2-2　$l_{x0}/b_1 = 0.3$ 时 $-\varepsilon^\alpha$ 取值

h_0/b_1	b_2/b_1						
	0.9	1.0	1.05	1.1	1.2	1.3	1.5
-0.01	0.300	0.274	0.270	0.248	0.209	0.182	0.145
-0.03	0.274	0.257	0.249	0.234	0.203	0.178	0.143
-0.05	0.256	0.242	0.232	0.220	0.194	0.172	0.139
-0.07	0.239	0.227	0.218	0.207	0.186	0.165	0.135
-0.10	0.217	0.205	0.198	0.189	0.172	0.155	0.127

表 2-3　$l_{x0}/b_1 = 0.6$ 时 $-\varepsilon^\alpha$ 取值

h_0/b_1	b_2/b_1						
	0.9	1.0	1.05	1.1	1.2	1.3	1.5
-0.01	0.210	0.173	0.190	0.186	0.161	0.138	0.107
-0.03	0.193	0.174	0.175	0.172	0.153	0.134	0.105
-0.05	0.182	0.169	0.166	0.162	0.147	0.129	0.103
-0.07	0.173	0.162	0.158	0.153	0.140	0.125	0.101
-0.10	0.161	0.152	0.147	0.142	0.131	0.118	0.097

注意，当攻角变化时，由于机翼之间在垂直方向的距离会变化，因此 ε^α 也会发生变化，随着机翼间该距离增加而降低。然而，根据 Horner 公式，上表中所有值一样（$\varepsilon^\alpha \approx -0.33$），与实际不符。如将后翼翼展从 $0.9b_1$ 增加到 $1.5b_1$ 时，流动下洗角度降低了一半（主要是由于后翼翼尖部分的上洗的影响）。

针对 2.4 节所研究的串置翼布局，表 2-4 给出了上述方法、经典的 Betz 方法〔式（2-1）〕[4,P64] 和 Horner 公式〔式（2-3）〕计算的后翼所受洗流的影响。

对于这一布局，Horner 公式计算的下洗气流角明显偏大，如 5.8° 攻角下的下洗角几乎大了一半。经典的 Betz 方法结果和上述方法结果吻合很好（±0.06°），因此计算后翼流动下洗角时，采用经典方法即可。然而，正如下面要介绍的，直接法还可以考虑机翼上反角、后掠角以及侧滑角等因素对飞行器横向气动特性（滚转力矩、偏航力矩）的影响。

表 2-4　后翼流动下洗角（$\theta_1 = \theta_2 = 0°$）

α /(°)	C_{L1}	ε_{21}（直接法）/(°)	ε_{21}（Betz）/(°)	ε_{21}（Horner）/(°)
0	-0.145	0.41	0.40	0.5

续表

α /(°)	C_{L1}	ε_{21}（直接法）/(°)	ε_{21}（Betz）/(°)	ε_{21}（Horner）/(°)
2	0.019	-0.05	-0.05	-0.1
3.9	0.176	-0.45	-0.46	-0.6
5.8	0.331	-0.81	-0.83	-1.2
7.8	0.491	-1.14	-1.18	-1.8
9.8	0.645	-1.42	-1.47	-2.3
11.7	0.780	-1.63	-1.69	-2.8
13.7	0.906	-1.81	-1.86	-3.3
15.7	1.000	-1.91	-1.95	-3.6

2.2.4 升力系数

由于串置翼布局没有安定面，升力由机翼和机身产生

$$C_L = C_{L1} \frac{S_1}{S} + C_{L2} \frac{S_2}{S} + C_{L\mathrm{fus}} \frac{S_M}{S} \tag{2-9}$$

其中，$S = S_1 + S_2$ 为总的机翼投影面积，$C_{L\mathrm{fus}}$ 为机身升力系数，S_M 为机身横截面积。

为了建立比较准确的前后机翼升力系数和攻角之间的关系，确定零升攻角、升力线斜率 a、失速攻角 α_s 以及最大升力系数 $C_{L\max}$ 等参数即可。

针对前翼，假设为矩形机翼，采用单一翼型，机翼无扭转和上反，升力系数可以表示为[1,P290;17,P237]

$$C_{L1} = a_{01} \frac{\alpha - \alpha_{01} + \varphi_1}{1 + \dfrac{a_{01}}{\pi e_1 AR_{\mathrm{eff1}}}} = a_{01} \frac{\alpha - \alpha_{01} + \varphi_1}{1 + \dfrac{a_{01}}{AR_{\mathrm{eff1}}} 0.375}$$

其中，φ_1 为机翼安装角（通常利用前翼的平均气动弦长定义攻角，此时 $\varphi_1 = 0$），

α_{01} 为前翼的零升攻角，由于采用单一翼型，因此和翼型零升攻角一致。a_{01} 为前翼翼型的升力线斜率，通常比机翼要高。$AR_{\mathrm{eff1}} = \dfrac{AR}{1 + \dfrac{S_{\mathrm{uf}}}{S_1}} = \dfrac{\dfrac{b_1^2}{S_1}}{1 + \dfrac{S_{\mathrm{uf}}}{S_1}} = \dfrac{b_1^2}{S_1 + S_{\mathrm{uf}}}$ 为前翼的有效展

弦比。

机翼气动特性可以表示为

$$C_{L1} = C_{l1} \frac{\alpha - \alpha_{01}}{\alpha - \alpha_{01} + \dfrac{C_{l1}}{\pi e_1 AR_{\mathrm{eff1}}}} = C_{l1} \frac{\alpha - \alpha_{01}}{\alpha - \alpha_{01} + \dfrac{C_{l1}}{AR_{\mathrm{eff1}}} 0.375}$$

当安装角、后掠角较小时，可采用如下形式

$$C_{L1} = a_{01} \frac{\alpha - \alpha_{01} + \varphi_1}{\dfrac{1}{\cos\theta_1 \cos\Lambda_1} + \dfrac{a_{01}}{\pi e_1 AR_{\mathrm{eff1}}}} \tag{2-10}$$

$$C_{L1} = C_{l1} \frac{\alpha - \alpha_{01} + \varphi_1}{\dfrac{\alpha - \alpha_{01}}{\cos\theta_1 \cos\Lambda_1} + \dfrac{C_{l1}}{\pi e_1 AR_{\text{eff1}}}} \tag{2-11}$$

对于后机翼而言，没有上反角和后掠角时，升力曲线的线性部分为

$$C_{L2} = a_2 (\alpha - \alpha_{02} + \varepsilon + \Delta\varphi) = a_2 \left(\alpha - \alpha_{02} - \frac{C_{L2}}{\pi e_2 AR_{\text{eff2}}} + \varepsilon_{21} + \Delta\varphi \right)$$

其中，α_{02} 为后翼的零升攻角；$\Delta\varphi$ 为后翼翼弦与攻角定义的基准之间的角度，如果以前翼的翼弦为基准，也即后翼和前翼的翼差角（$\Delta\varphi = \varphi_2 - \varphi_1$）。

考虑到流动的迟滞以及上反角和后掠的影响，可以表述为

$$C_{L2} = k_V a_2 \left(\alpha - \alpha_{02} - \frac{C_{L2}}{\pi e_2 AR_{\text{eff2}}} + \varepsilon_{21} + \Delta\varphi \right) \cos\theta_2 \cos\Lambda_2$$

其中，θ_2 为后翼的上反角，Λ_2 为后翼 1/4 弦线的后掠角，前掠为负。

从上式可得

$$C_{L2} = \frac{a_{02}}{\dfrac{1}{k_V \cos\theta_2 \cos\Lambda_2} + \dfrac{a_{02}}{\pi e_2 AR_{\text{eff2}}}} (\alpha - \alpha_{02} + \varepsilon_{21} + \Delta\varphi) \tag{2-12}$$

假设翼型的升力系数为 C_{l2}，由于 $a_{02} = C_{l2}/(\alpha - \alpha_{02})$，因此

$$C_{L2} = C_{l2} \frac{\alpha - \alpha_{02} + \varepsilon_{21} + \Delta\varphi}{\dfrac{\alpha - \alpha_{02}}{k_V \cos\theta_2 \cos\Lambda_2} + \dfrac{C_{l2}}{\pi e_2 AR_{\text{eff2}}}} \tag{2-13}$$

需要注意的是所有角度的单位为弧度。

式（2-12）和式（2-13）中，利用式（2-8）中定义的 ε^α 和 ε_0 替换，可以得到

$$C_{L2} = \frac{a_{02}}{\dfrac{1}{k_V \cos\theta_2 \cos\Lambda_2} + \dfrac{a_{02}}{\pi e_2 AR_{\text{eff2}}}} ((1 + \varepsilon^\alpha)\alpha - \alpha_{02} + \varepsilon^\alpha \alpha_{01} + \Delta\varphi) \tag{2-14}$$

$$C_{L2} = C_{l2} \frac{(1 + \varepsilon^\alpha)\alpha - \alpha_{02} + \varepsilon^\alpha \alpha_{01} + \Delta\varphi}{\dfrac{\alpha - \alpha_{02}}{k_V \cos\theta_2 \cos\Lambda_2} + \dfrac{C_{l2}}{\pi e_2 AR_{\text{eff2}}}} \tag{2-15}$$

从式（2-10）和式（2-14）可知导数 a_1 和 a_2 为

$$a_1 = \frac{1}{\dfrac{1}{a_{01} \cos\theta_1 \cos\Lambda_1} + \dfrac{1}{\pi e_1 AR_{\text{eff1}}}}, \quad a_2 = \frac{1 + \varepsilon^\alpha}{\dfrac{1}{k_V a_{02} \cos\theta_2 \cos\Lambda_2} + \dfrac{1}{\pi e_2 AR_{\text{eff2}}}} \tag{2-16}$$

对于整体布局而言

$$a = a_1 \frac{S_1}{S} + a_2 \frac{S_2}{S} \tag{2-17}$$

$$a = a_1 \frac{S_1}{S} + a_2 \frac{S_2}{S} + a_{\text{fus}} \frac{S_M}{S} \tag{2-18}$$

如果前后机翼距离较近，后翼对前翼的影响不能忽略，则布局的升力系数由以下方程组确定

$$C_{L1} = C_{L1\text{iso}} + a_1 \varepsilon_{12} \frac{S_2}{S_1} = C_{L1\text{iso}} + a_1 k_{12} C_{L2} \frac{S_2}{S_1}$$

$$C_{L2} = C_{L2\text{iso}} + a_2 \varepsilon_{21} \frac{S_1}{S_2} = C_{L2\text{iso}} + a_2 k_{21} C_{L1} \frac{S_1}{S_2}$$

其中，k_{12} 和 k_{21} 为常数，因为洗流的影响与对应机翼的升力系数成正比。第一个方程中，S_1 为参考面积，因此后翼的升力系数中有 S_2/S_1。

忽略二阶小量，则有

$$k_{12} = \frac{\partial \varepsilon_{12}}{\partial C_{L2}}, \quad k_{21} = \frac{\partial \varepsilon_{21}}{\partial C_{L1}}$$

ε_{21} 由式（2-5）和式（2-6）定义，ε_{12} 定义为

$$\varepsilon_{12} = -\frac{C_{L2} S_2}{8\pi b_2} \left[\begin{array}{l} \dfrac{0.5 l_2' - y}{(0.5 l_2' - y)^2 + z^2} \left(1 - \dfrac{x}{\sqrt{x^2 + z^2 + (0.5 l_2' - y)^2}}\right) \\ + \dfrac{0.5 l_2' + y}{(0.5 l_2' + y)^2 + z^2} \left(1 - \dfrac{x}{\sqrt{x^2 + z^2 + (0.5 l_2' + y)^2}}\right) \\ - \dfrac{x}{x^2 + z^2} \left(\dfrac{0.5 l_2' - y}{\sqrt{x^2 + z^2 + (0.5 l_2' - y)^2}} + \dfrac{0.5 l_2' + y}{\sqrt{x^2 + z^2 + (0.5 l_2' + y)^2}}\right) \end{array} \right]$$

$$\varepsilon_{12} \approx \frac{1}{b_1 \cos\theta_1} \int_{-0.5 b_1 \cos\theta_1}^{0.5 b_1 \cos\theta_1} \varepsilon_{12}(y) \mathrm{d}y$$

因此

$$C_{L1} = \frac{C_{L1\text{iso}} + a_1 k_{12} C_{L2\text{iso}} S_2/S_1}{1 - a_1 a_2 k_{12} k_{21}}$$

$$C_{L2} = \frac{C_{L2\text{iso}} + a_2 k_{21} C_{L1\text{iso}} S_1/S_2}{1 - a_1 a_2 k_{12} k_{21}}$$

考虑前翼洗流的影响时仍可确定后翼的零升攻角 α_{02}^*。如果机翼不存在气动和几何意义上的扭转，则对后翼而言，零升攻角和翼型攻角一样（$\alpha_{02} \approx -2\bar{f}_2$，单位为 rad，$\bar{f}_2$ 为翼型的无量纲弯度）。存在气动或几何扭转时，可基于平均气动弦长来计算该角度。

考虑前翼下洗流影响时，后翼的零升攻角 α_{02}^* 满足

$$\alpha_{02}^* - \alpha_{02} + \varepsilon_{21} + \Delta\varphi = 0$$

基于式（2-1）中对 ε_{21} 的粗略近似，简单变换后可得

$$\alpha_{02}^* = \frac{(\pi e_1 AR_{\text{eff1}} + a_{01})(\alpha_{02} - \Delta\varphi) + 1.6 a_{01}\alpha_{01}}{\pi e_1 AR_{\text{eff1}} - 0.6 a_{01}}$$

基于图表可更精确地求解 α_{02}^*，从而建立 $C_{L2}(\alpha)$ 的关系式。

如果机翼分成好几段（如伸缩机翼），假设各段的升力和面积成正比（即 $L_2 = a_2(\alpha - \alpha_{02} + \varepsilon_{21} + \Delta\varphi) q_2 S_2$，不同段的参数 a_2 和 q_2 变化较小，忽略下洗角 ε_{22}），对于后翼，零升攻角可进行近似计算

$$\alpha_{02} = \alpha_{020} S_{2O}/S_2 + \sum_{i=1}^{n}(\alpha_{02i} - \Delta\varphi_i) S_{2i}/S_2$$

其中，$\Delta\varphi_i$ 为第 i 段相对于参考基准段的安装角。

本小节发展了前后机翼升力系数与攻角呈线性关系区域内的升力系数求解方法，给出了机翼失速攻角和翼型失速攻角之间的差异（即翼型的升力系数已达最大值，而机翼升力系数仍继续增大）。因此需要基于以往经验以及计算值和估算值之间的差异来评估机翼的失速攻角。例如，实践中对于展弦比 $AR = 6$ 的矩形机翼[4,P39]

$$C_{L\max} = \frac{C_{l\max}}{1.07}$$

2.2.5　阻力系数

计算串置翼飞行器阻力系数的难点在于前后翼之间相互影响对诱导阻力的影响。

串置翼布局（而非鸭翼或双翼布局）的诱导阻力主要是由于后翼受前翼洗流影响产生的[23]。对于鸭翼布局，前翼（升力面）面积是后翼的几分之一，这一结论并不成立。试验表明，对于某些布局，鸭翼和主机翼之间的气动干扰会增加鸭翼的 $C_{L\max}$，但主机翼的 $C_{L\max}$ 并没有因为干扰而降低[24]。

最直接的手段是将单翼的计算公式进行扩展[1,P284]，推导出后翼每段环量的计算公式

$$\Gamma(y) = 0.5a(y)c(y)V_0 \left(\alpha_{\text{geom}}(y) + \frac{1}{4\pi V_0} \int_{-b/2}^{b/2} \frac{\mathrm{d}\Gamma(y_1)/\mathrm{d}y_1}{y_1 - y} \mathrm{d}y_1 + \frac{V_{z\,\text{attached}}(y) + V_{z\,\text{tip}}(y)}{\sqrt{k_V} V_0} \right)$$

最后一项代表前翼下洗流的影响。

因此升力和阻力分别表示为

$$L = \rho V_0 \int_{-b/2}^{b/2} \Gamma(y) \mathrm{d}y$$

$$D_i = -\rho \int_{-b/2}^{b/2} \Gamma(y) \left[\frac{1}{4\pi} \int_{-b/2}^{b/2} \frac{\mathrm{d}\Gamma(y_1)/\mathrm{d}y_1}{y_1 - y} \mathrm{d}y_1 \right] \mathrm{d}y$$

即使对于单翼机（如不存在受前翼洗流影响的机翼），也很难获得上式的精确解，通过傅里叶级数展开可获得近似解。傅里叶级数是高等数学中常用的方法[4]，但傅里叶级数展开一般都很长。

普朗特理论[25]是确定诱导阻力的可行方法，即

$$D_i = \frac{1}{\pi q} \left[\frac{L_1^2}{b_1^2} + 2\sigma \frac{L_1}{b_1} \frac{L_2}{b_2} + \frac{L_2^2}{b_2^2} \right] \tag{2-19}$$

图 2-15 显示了串置翼布局相比常规布局展现出来的优势。

串置翼布局飞机总阻力包括前后翼阻力（含相互干扰以及和机身干扰影响）、机身阻力以及垂尾阻力。机翼阻力包括迎面阻力（摩擦阻力与压差阻力之和）和诱导阻力。诱导阻力可进行理论分析，也可利用数值方法进行计算（如 XFOIL 程序）。下面假设前后翼展相当，且后翼不在前翼尾流（滑流）影响区，如前翼上方平均气动弦长的 20%～45% 区间（图 2-8）[8,P119]。

诱导阻力包括自身诱导阻力和相互诱导阻力[4,P68]，可从机翼总阻力中进行分解。串置翼布局飞行器阻力为

$$C_D = C_{D1} \frac{S_1}{S} + C_{D2} \frac{S_2}{S} + \Delta C_{D\text{ind}21} + \left(C_{D\text{fus}} \frac{S_M}{S} + C_{DVT} \frac{S_{VT}}{S} \right) \tag{2-20}$$

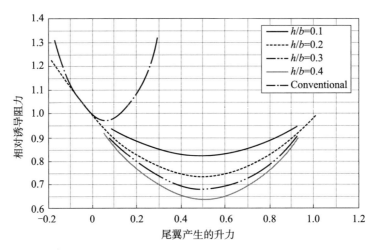

图 2-15　串置翼布局（等展长）与传统布局（$b_{tail}/b = 0.4$，$h/b = 0.2$）诱导阻力比较

（基于参考文献［25］中数据）

其中，$\Delta C_{D\mathrm{ind}21}$ 为相互诱导阻力，$\left(C_{Dfus} \dfrac{S_M}{S} + C_{DVT} \dfrac{S_{VT}}{S} \right)$ 表示机身阻力和垂尾阻力，参考面积为前后机翼面积之和。

前翼阻力 C_{D1} 可写成

$$C_{D1} = C_{D01} + \frac{C_{L1}^2}{\pi\, e_1 AR_{\mathrm{eff1}}} \tag{2-21}$$

$$C_{D01} = C_{d1}\left(1 - k_{\mathrm{int1}} \frac{S_{uf1}}{S_1} \right) \tag{2-22}$$

其中，S_{uf1} 为前机翼与机身重合部分的投影面积。

对于处于较高位置的机翼，干扰因子 $k_{\mathrm{int}} \approx 0$，而对于处于较低位置的机翼（通常是后翼）$k_{\mathrm{int}} = 0.25 \sim 0.6^{[26,P376]}$。因此，对于后机翼

$$C_{D2} = C_{D02} + \frac{C_{L2}^2}{\pi\, e_2 AR_{\mathrm{eff2}}} \tag{2-23}$$

$$C_{D02} = k_V C_{d2}^* \left(1 - k_{\mathrm{int2}} \frac{S_{uf2}}{S_2} \right) \tag{2-24}$$

其中，C_{d2}^* 为后机翼翼型的阻力系数（必要时需考虑前翼尾流的湍流强度）。

相互干扰阻力系数为

$$\Delta C_{D\,\mathrm{ind}\,21} = 2\sigma\, \frac{C_{L1}C_{L2}S_1 S_2}{\pi(S_1 + S_2)b_1 b_2} \tag{2-25}$$

其中，σ 为式（2-2）定义的普朗特系数，此时 $h = y$。

和试验结果相比，通过式（2-20）～式（2-25）计算的阻力系数偏大。利用式（2-20）～式（2-24）进行计算是可行的，现代数学方法也证明[5]通过利用普朗特系数确定诱导阻力，对于典型飞机布局，其和试验数据的误差在 7% ～ 16%[4,P260]。推导的方法与经典理论的差别在于计算的下洗气流的量级不一样，因此需要对普朗特系数进行更精确的

计算。

G. F. Butler[5]通过考虑 20 阶傅里叶级数得到了普朗特系数更精确的数学表达式，得到了式（2-19）中的第一项，但还需乘以（1-ν）。这里 ν 为诱导推力系数，误差在 5% 以内可称作最优值 ν_{opt}（图 2-16）。对于鸭翼布局而言，如 $b_1 = 0.5b_2$，诱导推力系数取最大值（$\nu_{opt} \approx 0.3$），在 $z/b_2 = 0.05$，$L_1 = 0.25$，$L_2 = 0.75$ 时，基于普朗特理论计算的总诱导阻力误差在 6%。对于典型的串置翼布局而言，如 $b_1 = 0.9b_2$，$C_{L1} = 0.6$，$C_{L2} = 0.4$，即使翼间垂直间距较小，诱导推力系数也很低 $\nu_{opt} \approx 0.05$。

因此，对于典型的串置翼布局而言，Butler 针对普朗特系数的修正约占总诱导阻力的 2%。修正量约占整个飞行器阻力的 1%（包括机翼、机身和垂尾阻力），在风洞试验和飞行试验的测量精度范围内。

和传统方法相比，本文提出的方法可称为逆向方法。在 20 世纪 30 和 40 年代，研究人员提出了描述串置翼布局机翼几何参数的无量纲参数 ε'_{12} 和 ε'_{21}[4,P65,83]，基于该参数计算下洗气流参数 ε_{21}、升力系数、普朗特系数 σ 和阻力系数。通过推导，可以更精确地确定洗流参数 ε_{21}，进而计算 ε'_{12} 和 ε'_{21}，再计算普朗特系数（图 2-17）。

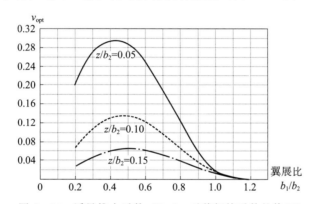

图 2-16　诱导推力系数（Butler 对普朗特系数的修正）

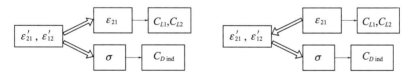

图 2-17　计算串置翼布局相互诱导阻力框图（左：传统方法，右：本书所提方法）

后机翼所受前机翼下洗流影响为

$$\varepsilon_{21} = \varepsilon'_{21} \frac{C_{L1}}{4\pi \sqrt{k_V}} \frac{c_1}{b_2} \Rightarrow \varepsilon'_{21} = \frac{4\pi \varepsilon_{21}}{C_{L1}} \frac{b_2}{c_1} \sqrt{k_V}$$

于是普朗特系数为

$$\sigma = \frac{\varepsilon'_{21} + \varepsilon'_{12}}{8}$$

忽略后翼对前翼的影响，$\varepsilon'_{12} = 0$，则

$$\sigma = \frac{\pi}{2} \frac{\varepsilon_{21}}{C_{L1}} \frac{b_2}{c_1} \sqrt{k_V} \qquad (2-26)$$

如果机翼之间水平距离较小（$l_{x0} < 3c_1$），后翼对前翼的影响不能忽略

$$\sigma = \frac{\varepsilon'_{21} + \varepsilon'_{12}}{8} = \frac{\pi}{2} \left(\frac{\varepsilon_{12} b_1}{C_{L2} c_2} + \frac{\varepsilon_{21} b_2}{C_{L1} c_1} \sqrt{k_V} \right) \qquad (2-27)$$

对于如第 1 章所提到的典型串置翼布局而言，后翼对前翼的影响较小。后翼翼尖涡会降低前翼的实际攻角，但后翼的附着涡会增加前翼攻角（图 2 - 18）。因此，它们之间的影响相互抵消，在分析方法的精度范围内，机翼之间的相互影响可以忽略。

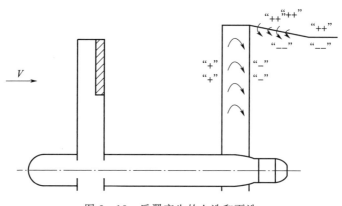

图 2 - 18　后翼产生的上洗和下洗

和传统布局相比，串置翼布局的机身结构设计更灵活，但其对气动特性的影响也更大，如机翼弯度的变化会影响翼间的竖直方向距离，从而影响下洗流和普朗特系数。因此，分析串置翼的阻力系数时，必须关注机身结构参数。正如风洞试验所揭示的那样，对于前翼为刚性翼，后翼为可变翼的构型，增加攻角意味着翼盒高度的改变，也就是说，对于前翼处于上方、后翼处于下方的布局而言，随着攻角的增加，漩涡消失，普朗特系数减小。如果上翼刚度强于下翼，随着攻角的增加，普朗特系数下降趋势更慢，相互之间的诱导阻力会更大。

因此，在考虑三种不同类型的翼间干扰的基础上，发展了串置翼布局的升阻力气动系数的计算方法。该方法基于 U 型马蹄涡假设，和单翼飞机一样考虑了马蹄涡向对称面的收缩，利用毕奥-萨伐尔定理计算诱导速度，在必要的时候考虑涡核的限制。

对于串置翼布局而言，不管后翼是处于上方还是下方，都需要考虑前翼自由涡对后翼的影响。考虑气体黏性时，涡内部压力较低，其从后翼上方/下方经过时会引起后翼升力显著上升或下降、诱导阻力变化以及整体布局焦点的前后移动。因此，布局几何参数的微小改变可能导致气动特性的显著改变，尤其是最大升阻比，更重要的是，可能带来俯仰通道的动态稳定性问题。

因此，使用本方法时，其最大误差发生在前翼与后翼产生的自由涡相互靠近以及前翼涡流经后翼表面的时刻。前一种情况下，自由涡相互排斥并改变形状，从而改变了后翼所受的平均下洗气流流场及其沿翼展的分布（即诱导阻力）。后一种情况下，由于涡内部压

力较低，当涡从后翼上表面经过时，后翼产生的升力增加，从下表面经过时，升力降低。

当然，现代 CFD 方法可以更精确地确定下洗流动，并且更适合于翼形较复杂的情况，如机翼分为多段且各自上反角和后掠角不一样的情况，但另一方面，CFD 方法耗时更多，并且受各种分析假设的影响，如数值分析得到的涡核半径要远大于试验结果[21]。

2.2.6　俯仰力矩系数

纵向静稳定性的分析依赖于升力系数，而正如式（2-4）～式（2-15）所展示的那样，升力系数与攻角线性相关。

对于后掠翼而言，计算纵向力矩时首先需要确定沿翼展方向升力的力臂。本节分析时假设后掠角较小，基于后翼受到的平均洗流开展分析。

飞机相对于重心的俯仰力矩（图 2-19）为

$$M = M_0 + L(x_{ac} - x_{cg})$$

式中　M——俯仰力距，$M = C_m \dfrac{\rho V^2}{2} c_{eq}(S_1 + S_2)$；

M_0——零升俯仰力矩（此时 $C_L = 0$），$M_0 = C_{m0} \dfrac{\rho V^2}{2} c_{eq}(S_1 + S_2)$；

L——升力，$L = C_{L1} \dfrac{\rho V^2}{2} S_1 + C_{L2} \dfrac{\rho V^2}{2} S_2 = (C_{L1}S_1 + C_{L2}S_2)\dfrac{\rho V^2}{2}$。

机翼间相互干扰、机翼上反角、后掠角等因素均在升力系数 C_{L1} 和 C_{L2} 中考虑。一般情况下，无量纲俯仰力矩系数为

$$C_m = C_{m0} - (\bar{x}_{ac} - \bar{x}_{cg})C_L = C_{m0} + C_m^{C_L} C_L \qquad (2-28)$$

典型布局的翼差角一般为负，当布局 $C_L = 0$ 时，机翼的升力系数并不等于零：$C_{L1} > 0$，$C_{L2} < 0$

$$C_{L1}S_1 = -C_{L2}S_2$$

因此

$$C_{L1} = a_1(\alpha - \alpha_{01})S_1 = -a_2\left(\alpha + \frac{-\varepsilon^\alpha \alpha_{01} - \alpha_{02} + \Delta\varphi}{1 + \varepsilon^\alpha}\right)S_2$$

据此可以得到串置翼布局的零升攻角

$$\alpha_0 = \frac{a_1 \alpha_{01} S_1 + a_2 \dfrac{\varepsilon^\alpha \alpha_{01} + \alpha_{02} - \Delta\varphi}{1 + \varepsilon^\alpha} S_2}{a_1 S_1 + a_2 S_2}$$

其中，a_1，a_2 由式（2-16）定义。

此攻角下，俯仰力矩系数为：

$$C_{m0} = C_{m01} \frac{c_1 S_1}{c_{eq} S} + a_1(\alpha_0 - \alpha_{01})\frac{x_1}{c_{eq}}\frac{S_1}{S} + C_{m02}\frac{c_2 S_2}{c_{eq} S} - a_2\left(\alpha_0 - \frac{\varepsilon^\alpha \alpha_{01} + \alpha_{02} - \Delta\varphi}{1 + \varepsilon^\alpha}\right)\frac{x_2}{c_{eq}}\frac{S_2}{S}$$

其中，x_1 和 x_2 分别为前后翼1/4弦线（有后掠时则为平均气动弦线的1/4位置）到重心的距离，如图 2-19 所示。机翼的焦点一般在机翼弦线的 20%～25% 位置（取决于翼型）[8,P44]，可以通过数值方法获得焦点的精确位置（包括 C_{m01}，C_{m02} 的值）。

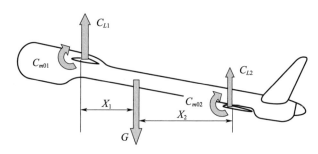

图 2 - 19　俯仰力矩定义

在升力系数 $C_L(\alpha)$ 与攻角呈线性关系的攻角范围内，前后翼系统的力矩系数为

$$C_m = C_{m01} \frac{c_1 S_1}{c_{eq} S} + a_1(\alpha_0 - \alpha_{01}) \frac{x_1}{c_{eq}} \frac{S_1}{S} + C_{m02} \frac{c_2 S_2}{c_{eq} S} - a_2 \left(\alpha - \frac{\varepsilon^\alpha \alpha_{01} + \alpha_{02} - \Delta\varphi}{1 + \varepsilon^\alpha} \right) \frac{x_2}{c_{eq}} \frac{S_2}{S}$$

$$(2 - 29)$$

$$C_m^\alpha = a_1 \frac{x_1 S_1}{c_{eq} S} - a_2 \frac{x_2 S_2}{c_{eq} S} \qquad (2 - 30)$$

将式（2-30）代入式（2-17）可得

$$C_m^{C_L} = \frac{\partial C_m}{\partial C_L} = \frac{C_m}{a} = \frac{a_1 \dfrac{x_1 S_1}{c_{eq} S} - a_2 \dfrac{x_2 S_2}{c_{eq} S}}{a_1 \dfrac{S_1}{S} + a_2 \dfrac{S_2}{S}} \qquad (2 - 31)$$

从前翼平均气动弦长的 1/4 弦线处为参考点计算重心（ $\bar{x}_{cg} = x_1 / c_{eq}$ ），经过简单的变换可得

$$\bar{x}_{ac} = \bar{x}_{cg} - C_m^{C_L} = -\frac{a_2 S_2}{a_1 S_1 + a_2 S_2} \frac{l_{x0}}{c_{eq}} \qquad (2 - 32)$$

不考虑动力系统的影响，以重心为参考点计算焦点距离，则整体布局纵向静稳定性条件为

$$a_1 x_{ac1} S_1 < a_2 x_{ac2} S_2 \qquad (2 - 33)$$

对于串置翼布局，前后机翼升力的力臂远大于机身受力的力臂，因此机身对于纵向力矩的影响可忽略不计。此外，发动机推力力矩的计算也和传统布局一样，即推力×力臂（推力线矢量到重心的距离）。

确定焦点坐标后，可以根据需要的纵向稳定性系数 $C_m^{C_L}$ 确定飞行器重心的位置。基于控制系统的能力，焦点与重心之间的距离可选择区间为 -0.03 （重心基本与焦点位置重合）至 -0.3 （焦点远在重心之前），当升降舵占据整个翼展的展长时，二者之间的距离可以更远（为配平将损失更多的升力）。

当攻角较小（流动未分离）时，采用简单的 CFD 方法（如 XFLR5）来确定纵向力矩是合理可行的，当机翼具有上反角和后掠角时，其结果比解析法结果更精确。

大攻角情况下，机翼表面流动会发生分离，此时简单的 CFD 方法（涡格法或者面元法）并不适用，需要求解更复杂的 NS 方程。此外，为了保证大攻角下的纵向稳定性，需要分离首先发生在前机翼上，最简单的方法是前后机翼采用同样的翼型，并且选取较小的负翼差角（$1° \sim 4°$），在翼差角以及前翼洗流的作用下，后翼的平均实际攻角会减小，从而延缓后翼的失速。

2.2.7　滚转力矩系数

研究表明，和常规布局相比，串置翼布局和鸭翼布局侧向稳定性的不同点在于：侧滑角不为零时，前升力面（鸭翼或者机翼）的涡流会产生附加的滚转力矩[27,P59]。目前尚无针对此类布局的升力面相互干扰对侧向稳定性影响的公开文献。

图 2-20 给出了任意侧滑角下，串置翼布局所受到的能够产生滚转力矩的力，分别为沿 y 轴方向的力（力臂沿 z 轴方向）及沿 z 轴方向的力（力臂沿 y 轴方向）。

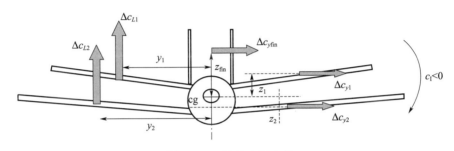

图 2-20　滚转力矩定义

对滚转力矩来说，机身所受合力的力臂非常小，因此忽略机身产生的滚转力矩（对于 S 型机身、以及翼面上反角为零且无垂尾的布局，需要考虑机身产生的滚转力矩时可参考传统布局的处理方法[17,P485]）。

确定串置翼布局的侧向静稳定性时，需要考虑后翼沿展向上下洗流的影响，即在 2.2.3 节方法的基础上进行扩展并引入侧滑角 β，下文在体坐标系中推导力矩系数。

以下分析中，假设前翼自由涡（翼尖涡）是线性变化的。实际上，风洞试验（见 2.4 节）表明，当前翼的翼尖涡和后翼之间较近时，由于涡相互排斥，二者之间呈非线性关系，但在负翼差角下，前翼翼尖涡对后翼的涡形状影响很大。

基于风洞试验的照片数据分析表明：$\beta = 0°$ 时前翼翼尖涡到达后翼的位置在半翼展的 84% 处（图 2-21），$\beta = -5°$ 时位于 78% 处，$\beta = +5°$ 时进一步移至 92% 处。

前一种情况下，前翼涡流产生的洗流角度大约为 $4.1°$，第二种情况下大约为 $5.4°$，因此，必须考虑侧滑对后翼实际攻角产生的较大影响。

存在侧滑时（$\beta > 0$），从图 2-22（a）可以发现：

1）由于沿前翼翼展方向的环量没有改变（后掠角较小），因此涡之间的距离 l' 并未改变

$$l' = l'_{\mathrm{iso}} k_d + d_w = \left(0.64 + \frac{0.25}{TR}\right) b_1\, k_d + d_w$$

图 2-21　$\beta = -5°$、$0°$、$5°$时前翼翼尖涡

2）沿纵向速度分量变为 $V = V_0 \cos\beta$，因此前翼升力下降，对称面内环量为 $\Gamma_0 = C_{L1}$ $\dfrac{S_1}{b_1} V_0 \cos\beta \dfrac{1}{1.285 + 0.5 TR_1}$，诱导速度和下洗角与 Γ_0 成正比，二者也下降，比例为 $\cos\beta$。侧滑角在 $-10° \sim 10°$ 范围内时，机翼对称面内环量变化可忽略，引起的误差不超过 1.5%。

3）自由涡从其产生到抵达后翼的运动距离，相对于无侧滑时变为 $1/\cos\beta$ 倍，对于前后翼均成立。对于有侧滑及纵向距离 $l_x \geqslant 0.6 b_1$ [17,P416] 的情况，距离变化对涡强度的影响是二阶数量级。

4）在体坐标系下，涡流通过后翼（准确地讲应该是 1/4 弦线）的坐标为 $y = \pm l'/2 - l_x \tan\beta$，而非 $y = \pm l'/2$，其中 l_x 为前后翼 1/4 弦线间的距离。

后翼受下洗流影响的展向长度 l' 不变，但下洗流沿展向的分布发生变化，因此后翼产生上洗流部分的长度 $b_2 - l'$ 也不变。$\beta > 0$ 时，右侧机翼的实际攻角增大，左侧机翼实际攻角减小，因此 $C_l^\beta < 0$。而对于传统布局 [图 2-22（b）] 则相反：对于平尾右侧而言，由于右机翼的翼尖涡更加靠近右侧平尾，右侧平尾实际攻角降低。虽然左机翼涡与平尾距离增大，但其对右侧平尾的影响要小于右机翼，因此右侧平尾的实际攻角与升力增加。相反，对于左侧平尾，其实际攻角与升力增加，因此机翼-平尾相互干扰对于总的滚转力矩的贡献是增加的，即 $C_l^\beta > 0$。

对于传统布局，机翼翼展一般为平尾翼展的数倍，机翼产生的自由涡远离平尾，因此侧滑引起的负面影响可以忽略。而对于串置翼布局而言，由于其前后翼翼展、翼面积相当，这一现象会对整体的稳定性产生重要影响，分析时必须考虑。存在侧滑时，前翼翼尖涡在后翼展向移动距离增加，流动的左右不对称性增加，增加翼间纵向距离会增加滚转力矩，因此，l_x 的增加会增加 C_l^β 的绝对值，滚转静稳定性增加。

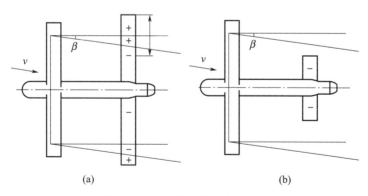

(a)　　　　　　　　　　　(b)

图 2-22　有侧滑时翼间气动干扰

对于平直单翼布局（下标 I）而言，滚转力矩系数与投影面积 S_1 和翼展 b_1 相关 [17,P486]

$$C_{l\,I}^\beta = C_{l1}^\beta + C_{l\,VT\,I}^\beta = -\frac{1}{2} a_1 \theta_1 \frac{1}{3} \frac{1 + 2TR_1}{1 + TR_1} - C_{y\,VT}^\beta \frac{S_{VT}}{S_1} \frac{z_{VT}}{b_1}$$

对于串置翼布局（下标 II）而言，参考面积为 $S_1 + S_2$，选择平均翼展 $(b_1 + b_2)/2$ 为参考长度，则

$$C_{l\,\mathrm{II}}^{\beta} = C_{l1}^{\beta}\frac{S_1}{S_1+S_2}\frac{2b_1}{b_1+b_2} + C_{l2}^{\beta}\frac{S_2}{S_1+S_2}\frac{2b_2}{b_1+b_2} + C_{l\mathrm{VT\,II}}^{\beta} + C_{l\mathrm{int}}^{\beta}$$

$$= -\frac{1}{2}a_1\theta_1\frac{1}{3}\frac{1+2TR_2}{1+TR_1}\frac{S_1}{S_1+S_2}\frac{2b_1}{b_1+b_2} - \frac{1}{2}a_2\theta_3\frac{1}{3}\frac{1+2TR_2}{1+TR_1}\frac{S_2}{S_1+S_2}\frac{2b_2}{b_1+b_2}$$

$$- C_{y\mathrm{VT}}\frac{S_{VT}}{S_1+S_2}\frac{2z_{VT}}{b_1+b_2} + C_{l\mathrm{int}}^{\beta}$$

$$= C_{l\,\mathrm{I}}^{\beta}\frac{S_1}{S_1+S_2}\frac{2b_1}{b_1+b_2} - 0.25a_2\theta_2\frac{S_2}{S_1+S_2}\frac{2b_2}{b_1+b_2} + C_{l\mathrm{int}}^{\beta}$$

$$(2-34)$$

C_l^{β} 主要依赖升力系数，和后掠角 $\varLambda$ 的关系为

$$C_{l\varLambda}^{\beta} = -\frac{1}{6}C_L\frac{1+2TR}{1+TR}\tan\varLambda$$

下面推导侧滑情况下流动下洗情况。翼尖涡影响表达式 ε_{21} 中，分别用 $l'/2 - l_x\tan\beta - y$、$l'/2 + l_x\tan\beta + y$ 替换 $l'/2 - y$ 和 $l'/2 + y$（图 2-22）。由于环量 $\varGamma_1$ 的减小使得附着涡按余弦的形式变化

$$\varepsilon_{21} = -\frac{C_{L1}S_1}{8\pi\sqrt{k_V}b_1}\left[\begin{array}{l}\dfrac{0.5l'-l_x\tan\beta-y}{(0.5l'-l_x\tan\beta-y)^2+z^2}\left(1+\dfrac{x}{\sqrt{x^2+z^2+(0.5l'-l_x\tan\beta-y)^2}}\right) \\[3mm] +\dfrac{0.5l'+l_x\tan\beta+y}{(0.5l'+l_x\tan\beta+y)^2+z^2}\left(1+\dfrac{x}{\sqrt{x^2+z^2+(0.5l'+l_x\tan\beta+y)^2}}\right) \\[3mm] +\dfrac{x}{x^2+z^2}\left(\dfrac{0.5l'-y}{\sqrt{x^2+z^2+(0.5l'-y)^2}}+\dfrac{0.5l'+y}{\sqrt{x^2+z^2+(0.5l'+y)^2}}\right)\end{array}\right]$$

其中

$$C_{L1} = a_{01}\frac{\alpha-\alpha_{01}}{\dfrac{1}{\cos\theta_1\cos\varLambda_1}+\dfrac{a_{01}}{\pi e_1 AR_{\mathrm{eff1}}}}\cos\beta$$

$$x = (l_{x0} - 0.5l'\tan\varLambda_1 + |y|\tan\varLambda_2)\cos\alpha$$
$$+ (z_0 + |y|\tan\theta_2 - 0.5l'\tan\theta_1 - h_1 + h_2)\sin\alpha$$

$$z = (l_{x0} - 0.5l'\tan\varLambda_1 + |y|\tan\varLambda_2)\sin\alpha$$
$$+ (z_0 + |y|\tan\theta_2 - 0.5l'\tan\theta_1 - h_1 + h_2)\cos\alpha$$

滚转力矩系数为

$$C_{l\mathrm{int}} = \frac{1}{(S_1+S_2)b_{\mathrm{eq}}}\int_{-b_2/2}^{b_2/2}\Delta C_{L2}(y)c_2(y)y\,\mathrm{d}y \qquad (2-35)$$

当梢根比为 1 或 $c(y) =$ 常数时

$$C_{l\mathrm{int}} = \frac{c_2}{(S_1+S_2)b_{\mathrm{eq}}}\int_{-b_2/2}^{b_2/2}\Delta C_{L2}(y)y\,\mathrm{d}y \qquad (2-36)$$

升力系数及其变化量分别为

$$C_{L2} = \frac{a_{02}}{\dfrac{1}{k_V\cos\theta_2\cos\varLambda_2}+\dfrac{a_{02}}{\pi e_2 AR_{\mathrm{eff2}}}}(\alpha-\alpha_{02}+\varepsilon_{21}+\Delta\varphi)$$

$$\Delta C_{L2} = -\frac{a_{02}\varepsilon_{21}}{\dfrac{1}{k_V\cos\theta_2\cos\Lambda_2} + \dfrac{a_{02}}{\pi e_2 AR_{\text{eff2}}}} \tag{2-37}$$

对于小型无人机而言，如果机翼梢根比不为 1，翼尖弦长小于翼根，特征雷诺数降低，机翼的迎面阻力增加，因此梢根比一般为 1[28]，因此

$$C_{l\text{int}} = -\frac{c_2}{(S_1+S_2)b_{\text{eq}}}\frac{a_{02}}{\dfrac{1}{k_V\cos\theta_2\cos\Lambda_2} + \dfrac{a_{02}}{\pi e_2 AR_{\text{eff2}}}}\int_{-b_2/2}^{b_2/2}\varepsilon(y)y\,\mathrm{d}y \tag{2-38}$$

定量分析表明，附着涡的影响要小于自由涡，因此可写成

$$\varepsilon_{21} \approx \frac{C_{L1}S_1}{8\pi b_1}\left[\begin{array}{l}\dfrac{0.5l'-l_x\tan\beta-y}{(0.5l'-l_x\tan\beta-y)^2+z^2}\left(1+\dfrac{x}{\sqrt{x^2+z^2+(0.5l'-l_x\tan\beta-y)^2}}\right)\\ +\dfrac{0.5l'+l_x\tan\beta+y}{(0.5l'+l_x\tan\beta+y)^2+z^2}\left(1+\dfrac{x}{\sqrt{x^2+z^2+(0.5l'+l_x\tan\beta+y)^2}}\right)\end{array}\right] \tag{2-39}$$

表 2-5 和表 2-6 分别为基于式（2-34）～式（2-39）计算的考虑修正项 $C_{l\text{int}}^\beta$ 和不考虑该修正项时飞行器滚转静稳定性系数计算结果。相关参数为：$\theta_1=\theta_2=\Lambda_1=\Lambda_2=0°$，$C_{L1}=0.5$（$\alpha_0=-3°$，$\alpha=2.5°$），$TR_1=TR_2=1$，$d=c_1=0.1b_1$，垂尾面积 $S_{\text{VT}}=0.06(S_1+S_2)$，力臂 $L_{\text{VT}}=0.5b_1$（与 2.4 节中风洞试验模型一致）。从表中可以看出 C_l^β [1/（°）] 与翼间纵向无量纲距离 l_{x0}/b_1、竖直方向 h_0/b_1 以及翼展比 b_2/b_1 之间的变化关系。

表 2-5　$l_{x0}/b_1=0.3$ 时 C_l^β 值

h_0/b_1	b_2/b_1					
	0.9		1.1		1.3	
	无干扰	有干扰	无干扰	有干扰	无干扰	有干扰
−0.01	−0.002 0	−0.001 2	−0.001 8	−0.002 7	−0.001 6	−0.002 0
−0.03	−0.002 0	−0.001 6	−0.001 8	−0.002 5	−0.001 6	−0.002 0
−0.05	−0.002 0	−0.001 8	−0.001 8	−0.002 4	−0.001 6	−0.002 0
−0.07	−0.002 0	−0.001 9	−0.001 8	−0.002 2	−0.001 6	−0.002 0
−0.10	−0.002 0	−0.002 0	−0.001 8	−0.002 1	−0.001 6	−0.001 9

表 2-6　$l_{x0}/b_1=0.6$ 时 C_l^β 值

h_0/b_1	b_2/b_1					
	0.9		1.1		1.3	
	无干扰	有干扰	无干扰	有干扰	无干扰	有干扰
−0.01	−0.002 0	−0.001 1	−0.001 8	−0.003 5	−0.001 6	−0.002 5
−0.03	−0.002 0	−0.001 6	−0.001 8	−0.003 1	−0.001 6	−0.002 4
−0.05	−0.002 0	−0.001 9	−0.001 8	−0.002 8	−0.001 6	−0.002 4
−0.07	−0.002 0	−0.002 0	−0.001 8	−0.002 6	−0.000 16	−0.002 3
−0.10	−0.002 0	−0.002 1	−0.000 18	−0.002 4	−0.001 6	−0.002 2

基于上述数据可插值求得其他参数下的滚转稳定性系数。可以看出，后翼翼展较小（$b_2/b_1 < 1$）时，干扰会降低滚转稳定性，后翼翼展较大时，干扰会增加串置翼布局的稳定性。

后翼翼展较大的情况下，增加翼间纵向距离也会增加滚转稳定性：l_{x0} 越大，$\Delta\beta$ 相同时，前翼涡在后翼上引起的 Δy 越大。前翼翼展较大时，纵向距离 l_{x0} 对于有侧滑时的滚转力矩导数没有影响，风洞试验也证实了这一结论。

当前后翼面积和翼展相近（$b_2/b_1 = 1.0 \sim 1.2$）时，翼尖相互干扰效应最大，甚至能与垂尾产生的滚转力矩相当，因此必须考虑翼间干扰的影响。

伸缩机翼是一个具有发展前景的无人机方向，伸缩机翼无人机的滚转稳定性变化与翼展的增加类似，伸缩机翼的一个特征是梢根比的变化减小了机翼自由涡之间的距离[8,P104]，因此使用伸缩机翼增加了前翼的翼展，但考虑到干扰时，其翼展增加的影响要小于平直翼相同翼展增加的影响。

当利用上反角以消除机翼翼尖影响进而降低总的诱导阻力[25]时，前翼产生的自由涡远离后翼，后翼受到的由前翼引起的洗流（上洗和下洗）减轻，从而降低了翼间干扰对滚转稳定性的有利影响。

2.2.8　偏航力矩系数

本节考虑有侧滑时串置翼布局飞行器所受到的产生偏航力矩的力（图 2 - 23），有 x 轴方向的力（力臂沿 z 轴方向）及沿 z 轴方向的力（力臂沿 x 轴方向）。

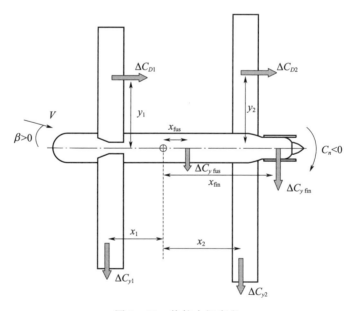

图 2 - 23　偏航力矩定义

计算偏航力矩时，串置翼布局和传统布局的最大差别在于：串置翼布局机翼所受侧向力 C_{y1} 和 C_{y2} 的力臂 x_1 和 x_2 较大，而传统布局由于重心布置在弦线上，其机翼所受侧向力的力臂非常小。

　　机翼上反角较小情况下，存在侧滑时，翼间干扰对滚转力矩影响较大，但对偏航力矩影响较小：侧滑会引起左右机翼的升力不同，从而导致诱导阻力不同，但计算发现，气动力引起的偏航力矩差异与垂尾引起的偏航力矩差异相比为小量。对于采用无后掠机翼的传统布局而言，由于诱导阻力变化而引起的偏航力矩变化同样可忽略。对于同一机翼而言，侧滑引起的偏航力矩差异与滚转力矩相比要相差一个数量级[17,P490]。

　　对于上反机翼，侧滑引起的攻角变化为[17,P487]

$$\Delta\alpha_2 = \sin\beta\tan\theta_2 \tag{2-40}$$

角度较小时

$$\Delta\alpha_2 = \beta\theta_2 \tag{2-41}$$

机翼受到的侧向力即为法向力在水平方向的投影

$$Y_2 = N_2\sin Q_2 = C_{L2}q_2S_2\sin\theta_2 = a_2\Delta\alpha_2q_2S_2\sin\theta_2$$
$$= a_2(\sin\beta\tan\theta_2)q_2S_2\sin\theta_2 = k_Va_2\sin\theta_2\tan\theta_2qS_2\sin\beta$$

与 V 尾一样，上反机翼产生的偏航力矩是稳定力矩

$$M_{z2} = -N_2x_2$$

则后翼的偏航力矩系数为

$$C_{n2} = \frac{M_{z2}}{qSb} = -\frac{Y_2x_2}{qSb} = -k_Va_2qS_2\sin\theta_2\tan\theta_2\sin\beta\frac{x_2}{qSb}$$
$$= -k_Va_2\sin\theta_2\tan\theta_2\frac{S_2x_2}{Sb}\sin\beta \approx -k_Va_2\theta_2^2\frac{S_2x_2}{Sb}\beta \tag{2-42}$$

与前翼相似，该力矩应大于零

$$C_{n1} = a_1\sin\theta_1\tan\theta_1\frac{S_1x_1}{Sb}\sin\beta \approx -a_1\theta_1^2\frac{S_1x_1}{Sb}\beta$$

因此单翼布局和串置翼布局飞机的方向稳定性系数分别表示为

$$C_{n\,\mathrm{I}}^{\beta} = C_{n\,\mathrm{fus\,I}}^{\beta} + C_{n\,\mathrm{VT\,I}}^{\beta} = -C_{y\,\mathrm{fus}}^{\beta}\frac{S_M}{S_1}\frac{x_{\mathrm{fus}}}{b_1} - C_{y\,\mathrm{VT}}^{\beta}\frac{S_{\mathrm{VT}}}{S_1}\frac{L_{\mathrm{VT}}}{b_1} \tag{2-43}$$

$$C_{n\,\mathrm{II}}^{\beta} = C_{n\,1}^{\beta} + C_{n\,2}^{\beta} + C_{n\,\mathrm{fus}}^{\beta} + C_{n\,\mathrm{VT}}^{\beta} = a_1\tan|\theta_1|\frac{S_1}{S_1+S_2}\frac{2x_1}{b_1+b_2}$$
$$- a_2\tan|\theta_2|\frac{S_2}{S_1+S_2}\frac{2x_2}{b_1+b_2} - C_{y\,\mathrm{fus}}^{\beta}\frac{S_M}{S_1+S_2}\frac{2x_{\mathrm{fus}}}{b_1+b_2} - C_{y\,\mathrm{VT}}^{\beta}\frac{S_{\mathrm{VT}}}{S_1+S_2}\frac{2L_{\mathrm{VT}}}{b_1+b_2}$$

$C_{n\,1}^{\beta}$ 与 $C_{n\,2}^{\beta}$ 考虑了由于机翼上反在侧向的投影（与 V 尾类似），未考虑阻的影响。

　　实际上，与机翼上反会导致升力在侧向上产生分量（图 2-20）一样，涡流的不对称也会产生偏航干扰力矩［图 2-22（a）］。参考式（2-35），将力臂 y 替换为 x_2，同时考虑到侧向力与 $\sin\theta$ 以及攻角的变化量［见式（2-40），与 $\cos\theta$、$\tan\beta$ 相关］成正比，可得

$$C_{n\,\mathrm{int}} = \frac{1}{(S_1+S_2)b_{\mathrm{eq}}}\left(\int_{-0.5b_2\cos\theta_2}^{0.5b_2\cos\theta_2}\Delta C_{L2}(y)c_2(y)x_2\cos\theta_2\sin\theta_2\,\mathrm{d}y\right)\sin\beta \tag{2-44}$$

　　对于上反角度较小的平直矩形机翼，θ_2 为小于 10° 的常数（ $\sin\theta_2 \approx \theta_2$，$\cos\theta_2 \approx 1$），$c_2$、$x_2$ 均为常数，上式可简化为

$$C_{n\,\text{int}}^{\beta} = \frac{c_2 x_2 \theta_2}{(S_1 + S_2) b_{\text{eq}}} \int_{-0.5 b_2 \cos\theta_2}^{0.5 b_2 \cos\theta_2} \Delta C_{L2}(y) \, \mathrm{d}y$$

$$= \frac{c_2 x_2 \theta_2}{(S_1 + S_2) b_{\text{eq}}} \frac{a_{02}}{\dfrac{1}{k_V \cos\theta_2 \cos\Lambda_2} + \dfrac{a_{02}}{\pi e_2 AR_{\text{eff2}}}} \int_{-0.5 b_2 \cos\theta_2}^{0.5 b_2 \cos\theta_2} \varepsilon_{21}(y) \, \mathrm{d}y \qquad (2-45)$$

其中，$\varepsilon_{21}(y)$ 由式（2-39）确定。

机翼产生的偏航力矩与 θ^2 成正比，而干扰力矩与 θ 成正比。直接原因是因为前者由升力产生，其与攻角成正比，而攻角与机翼上反角相关。对于干扰力矩，即使 θ 为零，升力与攻角也存在，上反角决定了升力的侧向分量。无论机翼上反或下反，其产生的偏航力矩是自稳定的，而上反时产生的干扰偏航力矩是稳定的，下反时产生的干扰力矩降低了偏航方向的稳定性。

如果已知没有后翼时布局的稳定性（如下文的试验），则可通过下式评估安装后翼后的稳定性

$$C_{n\,\text{II}}^{\beta} = C_{n\,\text{I}}^{\beta} \frac{S_1}{S_1 + S_2} \frac{2b_1}{b_1 + b_2} - k_V a_2 \theta_2^2 \frac{S_2}{S_1 + S_2} \frac{2x_2}{b_1 + b_2} + C_{n\,\text{int}}^{\beta} \qquad (2-46)$$

利用上式进行计算时，θ 单位为弧度，而非度，下文利用上式验证了对风洞试验结果的分析方法。

实际上，上反角小于 $5°$、侧滑角小于 $15°$ 时，干扰偏航力矩可以忽略（试验中 $\pm 0.000\,2$），因此，不同于干扰滚转力矩，翼间干扰对侧向稳定性的影响可以忽略。

如果安装了翼尖小翼，则需要考虑其对偏航力矩的影响。翼尖小翼作用类似于垂尾：如果安装在后翼上，则增加了方向稳定性；安装在前翼上，则降低了方向稳定性。

2.2.9　舵面效率

本节中，舵面主要考虑副翼和升降舵。有的无人机没有方向舵，对于串置翼布局无人机，如果将其设计在尾翼上，舵效的计算方法与传统布局一样。最初的想法是通过改变机翼的后掠角来实现俯仰和滚转控制[29]。这一方案可行，但风险很大，和副翼相比，其控制效率也不占优。如果使用整个升力面作为控制面，如果一侧失效，则无法平衡滚转力矩，无人机失事不可避免；如果副翼失效，则只会损失部分可控性。机翼产生的滚转力矩与后掠角余弦成正比，因此变化很缓慢。

首先只考虑副翼，然后再分析升降舵的舵效。

确定串置翼气动布局时，将副翼布置在后翼上，原因有二：一是后翼翼展一般较大，因此滚转力矩力臂要大于前翼，力矩也更大；二是如果将副翼布置在前翼上，当右副翼向下偏转时，升力及产生的滚转力矩增大，对应的右后翼所受的下洗流增加，其有效攻角降低，升力下降，其产生的滚转力矩降低（图 2-24）

$$\delta_{\text{ail1 right}} > 0 \rightarrow \Delta c_{L1\,\text{right}} > 0 \rightarrow c_{l1} < 0$$

$$\searrow$$

$$\Delta\varepsilon_{21\,\text{right}} < 0 \rightarrow \Delta c_{L2\,\text{right}} < 0 \rightarrow c_{l2} > 0$$

因此，副翼布置在前翼上时，翼间相互干扰产生的均为负效应。

位于后翼上的副翼舵效计算和传统布局一样，与升降舵不一样的是，其与压心位置（产生低头力矩 C_{m0}）无关。

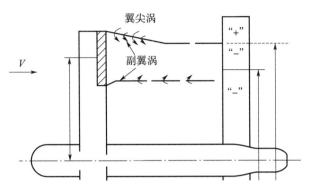

图 2-24　前翼上副翼偏转产生的上洗及下洗流

相对于将前翼舵面用作升降舵、后翼舵面用作副翼而言，将前翼舵面用作副翼更合理：这不仅增加了飞机滚转通道的可控性，同时也减轻了机身承受的扭矩。对于串置翼布局，纵向惯性矩小于常规布局，不会引起滚转控制问题，从而简化了副翼参数的选择。

利用高精度的三维 CFD 方法可以较精确地确定前机翼上副翼的舵效。但这并不是最重要的。本节介绍了一种用于评估串置翼升降舵舵效的分析方法，并与低精度数值方法 XFLR5 及风洞试验进行比较。

目前尚未发现基于 CFD 方法或风洞试验开展此类研究的公开文献，但它对于飞机布局优化很有意义。

首先利用 XFOIL 对升降舵偏转中等角度（$\pm10°$）的工况进行了二维模拟，此时不会引起流动分离（图 2-15），图 2-25、图 2-26 为参数变化曲线，表 2-7 为计算结果。

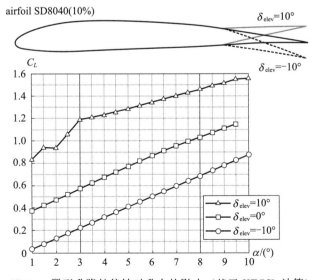

图 2-25　SD8040 翼型升降舵偏转对升力的影响（基于 XFOIL 计算）（见彩插）

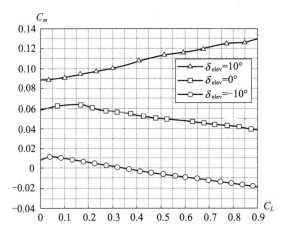

图 2-26　SD8040 翼型升降舵偏转对俯仰力矩系数的影响（基于 XFOIL 计算）

表 2-7　SD8040 翼型升降舵舵效（舵偏 30%，XFOIL 计算结果）

$\delta_{elev}/(°)$	-10	0	10
ΔC_l（$\alpha=3°$）	-0.43	0	0.53
$\Delta C_{m0\,foil}$（$C_l=0$）	-0.051	0	0.029
dC_m/dC_l	0.003	0.004	0.007
$\Delta C_{d\min}$	$0.004\,6$	0	$0.004\,5$

从表 2-7 可以发现：升降舵偏转时，翼型的焦点位置不变，分析 $C_m^{C_L}$ 约为弦长的 25%，表明焦点在弦线的 25.3%～25.7% 位置，相对于前后翼之间的距离，气动焦点位置的变化可忽略不计，因此可以认为升降舵偏转时，升力变化的作用点为弦线的 0.25 位置处且保持不变。试验也证实了不同翼型的焦点均保持不变[4,P41]。

现在考虑有限翼展的情况，假设升降舵的有效作用范围延伸至其前面的机翼区域，如服务区 S_{serv}。采用传统布局升降舵的公式[1,P368]，并用 "2" 替换下标 "HT"，则针对串置翼布局的后翼，近似方程为

$$\Delta C_{L2}=k_V a_2 \, n_{elev} \frac{S_{serv2}}{S_2}\delta_{elev2}\cos\Lambda_2\cos\Lambda_{elev2} \tag{2-47}$$

$$\Delta C_{m2}=k_V a_2 \frac{S_{serv2}}{S_2}\frac{x_{ac2}-x_{cg}}{c_2} n_{elev}\delta_{elev2}\cos\Lambda_2\cos\Lambda_{elev2} \tag{2-48}$$

其中，k_V 为前翼后气流作用于后翼的减速因子，对于常规构型可选 0.95～1.0。

$a_2=\partial C_{L2}/\partial\alpha$ 为后翼的升力线斜率，单位为 1/（°）。

$n_{elev}=\sqrt{S_{serv2}/S_2}$ 为亚声速下升降舵的舵效因子。

Λ_2 和 Λ_{elev2} 分别为后翼及升降舵的后掠角。

$x_{ac2}-x_{cg}=(0.55,\cdots,0.6)l_{x0}$ 为重心与后翼 25% 弦线（一般为平均气动弦）之间距离。

估算升降舵最大力矩时，最大舵偏角设置为 $\delta_{elev}=\pm20°$，实际一般可达 25° 甚至 30°。

分别选取总面积 $(S_1 + S_2)$ 和弦长之和 $(c_1 + c_2)$ 作为力矩参考面积和参考长度，和传统布局的尾容量 $V_t = \dfrac{S_t}{S} \dfrac{x_{ac2} - x_{cg}}{c}$ 相似，后翼尾容量定义为 $V_t = \dfrac{S_2}{S_1 + S_2} \dfrac{x_{ac2} - x_{cg}}{c_1 + c_2}$。

但是对于串置翼布局而言，式（2-48）没有考虑 C_{m0} 的变化，实际上，任何升力面产生的力矩均可表示为

$$C_{miso} = C_{m0} + C_m^{C_L} C_L$$

其中，$C_m^{C_L} = \bar{x}_{ac} - \bar{x}_{cg}$ 为纵向静稳定度，因此

$$C_{miso} = C_{m0} + (\bar{x}_{ac} - \bar{x}_{cg}) C_L$$

当重心位置 $\bar{x}_{cg}$ 和焦点 $\bar{x}_{xc}$ 不变时，升降舵舵偏与俯仰力矩变化的关系为

$$\Delta C_{miso2}(\delta_{elev2}) = \Delta C_{m0} + (\bar{x}_{ac2} - \bar{x}_{cg}) \Delta C_L \tag{2-49}$$

后翼的正升力 C_{L2} 产生低头力矩，即对俯仰力矩 C_m 的贡献为正。

对于常规布局的飞行器而言，从表 2-7 可以看出，ΔC_{m0} 的量级为 ~ 0.07，ΔC_L 量级为 ~ 0.5，通常力臂约为 $(3 \sim 7) c_{HT}$[30,P52]，第二项约为第一项 ΔC_{m0} 的 20～50 倍，因此上式第一项可以忽略。但对于串置翼布局而言，升力力臂绝对值小于平尾，机翼弦长更大，因此二项之比为 ~ 10，二者均需考虑。升降舵位于后翼时，C_{m0} 改变 10% 会增加升降舵的舵效，位于前翼则相反。这是因为升降舵位于后翼时，升降舵向下偏转，压心后移，升力及其力臂同时增加，而位于前翼时则相反。由于重心更靠近前翼，因此后翼升力力臂更大（鸭翼布局除外）。下文将讨论升降舵位于前翼上时的翼间干扰效应。

对于常规外形尺寸，后翼对前翼几乎没有影响，因此很容易评估升降舵的舵效，但需利用类似式（2-16）对翼展进行处理，并利用 XFOIL 重新计算结果（见表 2-7）。因此式（2-47）中需要考虑下式

$$a_2 = a_{02} \frac{1}{\dfrac{1}{\cos\theta_2} + \dfrac{a_{02}}{\pi e_2 AR_{eff2}}} \tag{2-50}$$

在评估舵偏角影响时，需要考虑

$$\Delta C_{L2} = k_V \Delta C_{l2}(\delta_{elev2}) \frac{1}{\dfrac{1}{\cos\theta_2 \cos\Lambda_2 \cos\Lambda_{elev2}} + \dfrac{a_{02}}{\pi e_2 AR_{eff2}}}$$

如文献 [17，P237] 中公式所示，后掠角和上反角均在分母中。计算时考虑迟滞因子 k_V 会更精确，其位置如式（2-47）所示

$$\Delta C_{L2} = \frac{\Delta C_{l2}(\delta_{elev2})}{\dfrac{1}{k_V \cos\theta_2 \cos\Lambda_2 \cos\Lambda_{elev2}} + \dfrac{a_{02}}{\pi e_2 AR_{eff2}}} \tag{2-51}$$

同样，对于俯仰力矩系数

$$\Delta C_{m02} = \Delta C_{m02}(\delta_{elev2}) k_V \cos\theta_2 \cos\Lambda_2 \cos\Lambda_{elev2} \frac{S_{serv2}}{S_2} \tag{2-52}$$

将上述式子代入式（2-44）来计算位于后翼的升降舵偏转时全机俯仰力矩的变化

$$\Delta C_{m2}(\delta_{elev2}) = \Delta C_{m02} - (\bar{x}_{cg} - \bar{x}_{ac2}) \Delta C_{L2} = \Delta C_{m02} + (\bar{x}_{ac2} - \bar{x}_{cg}) \Delta C_{L2} \tag{2-53}$$

这里升力线斜率的单位为 $1/\mathrm{rad}$，参考面积为前后翼面积之和，参考长度为前后翼弦长之和。

当后翼升降舵舵偏角变化时，使得后翼自身诱导阻力以及前后翼相互诱导系数变化较大，导致全机阻力系数变化很大。对于小型无人机，升降舵长度可能与后翼展长相当，舵面偏转时，机翼环量（升力）的变化沿翼展方向是近似一致的，在侧滑角 $-10° \leqslant \beta \leqslant 10°$ 情况下，计算诱导阻力系数 $C_{D\,\mathrm{ind}}$ 时，可以利用 $\Delta\varphi = n\delta_{\mathrm{elev}}$ 将舵偏角折算到攻角的变化中，但如果升降舵长度只占后翼部分展长，上述分析方法将过于简化，这是因为舵面偏转将导致沿展向的升力分布不均，从而改变后翼诱导阻力及相互之间诱导阻力（此时阻力将大于上述情况）。

升降舵位于前翼上时，除了上述因素外，还必须考虑相互之间的正向干涉：前翼升力的增加不仅会增加抬头力矩，还增加了下洗气流，从而降低了后翼的升力，即导致相同的干扰力矩

$$\delta_{\mathrm{elev1}} > 0 \to \Delta C_{L1} > 0 \to C_{m1} < 0$$
$$\searrow$$
$$\Delta\varepsilon_{21} < 0 \to \Delta C_{L2} < 0 \to C_{m2} < 0$$

升降舵长度和整个前翼翼展相当是最简单的状态，也是唯一能够进行理论分析的状态。此时，给定攻角情况下，假设舵偏变化时涡分布没有发生本质的变化，可以先估算前翼的升力增量 ΔC_{L1}，进而分析 $\Delta\varepsilon$ 和 ΔC_{L2}。如果升降舵只占据前翼的部分展长，那么当升降舵偏转时，自由涡的数量将增加，此时无法计算其强度并分析干扰影响。

实际上，气流下洗角 $\Delta\varepsilon_{21}$ 建立的时间（也即下洗气流到达前后翼之间的时间差）为 $\tau = l_x/(\sqrt{k_V}\,V)$，一般小型无人机飞行速度为数十米每秒量级，特征长度小于 $1\ \mathrm{m}$，这一时间的特征尺度为 $1/100\ \mathrm{s}$，即可忽略。

前翼（不考虑后翼及相互干扰）俯仰力矩的计算方法与未考虑下洗流影响的后翼类似

$$C_{m1\,\mathrm{iso}} = C_{m01} - C_{L1}\frac{x_{\mathrm{cg}} - x_{\mathrm{ac1}}}{c_1} \tag{2-54}$$

式中正的升力 C_{L1} 产生负的俯仰力矩 C_{m1}（抬头）。

升降舵偏转时，不考虑翼间干扰情况下俯仰力矩系数变化为

$$\Delta C_{m1\,\mathrm{iso}} = \Delta C_{m01} - \Delta C_{L1}\frac{x_{\mathrm{cg}} - x_{\mathrm{ac1}}}{c_1} \tag{2-55}$$

基于前翼翼型的气动特性，可利用下式计算前翼升力的增量

$$\Delta C_{L1}(\delta_{\mathrm{elev}\,1}) = \Delta C_{l1}(\delta_{\mathrm{elev}\,1})\,\frac{1}{\dfrac{1}{\cos\theta_1\,\cos\Lambda_1\,\cos\Lambda_{\mathrm{elev1}}} + \dfrac{a_{01}}{\pi\,e_1\,AR_{\mathrm{eff1}}}}\,\frac{S_{\mathrm{serv1}}}{S_1} \tag{2-56}$$

考虑翼间干扰时的俯仰力矩。在最简单情形下，前翼上的升降舵占据整个翼展长，升降舵舵偏角变化时涡分布不变化（图 2-2），因此可以通过在下洗气流分析中引入 ΔC_{L1}，进而计算后翼上下洗气流的下洗角。

因此，可以通过积分下式来计算前方向舵舵偏角变化时下洗气流角度的变化

$$\Delta\varepsilon_{21} = \frac{1}{b_2}\int_{-0.5b_2}^{0.5b_2}\Delta\varepsilon_{21}(y)\,\mathrm{d}y$$

其中

$$
\begin{aligned}
\Delta\varepsilon_{21}(y) = -\frac{\Delta C_{L1}S_1}{8\pi\sqrt{k_V}b_1}\Bigg[&\frac{0.5l'-y}{(0.5l'-y)^2+z^2}\left(1+\frac{x}{\sqrt{x^2+z^2+(0.5l'-y)^2}}\right) \\
&+\frac{0.5l'+y}{(0.5l'+y)^2+z^2}\times\left(1+\frac{x}{\sqrt{x^2+z^2+(0.5l'+y)^2}}\right) \\
&+\frac{x}{x^2+z^2}\left(\frac{0.5l'-y}{\sqrt{x^2+z^2+(0.5l'-y)^2}}+\frac{0.5l'+y}{\sqrt{x^2+z^2+(0.5l'+y)^2}}\right)\Bigg]
\end{aligned}
$$

ΔC_{L1} 由式（2-56）计算。

只考虑下洗角变化时，由式（2-50）可以得到

$$\Delta_{L2}(\delta_{\mathrm{elev1}}) = \frac{a_{02}}{\dfrac{1}{k_V\cos\theta_2\cos\Lambda_2}+\dfrac{a_{02}}{\pi eAR_{\mathrm{eff2}}}}\Delta\varepsilon_{21}$$

参考面积选为前后翼面积和时

$$\Delta C_{L\mathrm{int}}(\delta_{\mathrm{elev1}})\ \frac{a_{02}}{\dfrac{1}{k_V\cos\theta_2\cos\Lambda_2}+\dfrac{a_{02}}{\pi eAR_{\mathrm{eff2}}}}\frac{S_2}{S_1+S_2}\Delta\varepsilon_{21} \tag{2-57}$$

前升降舵偏转引起后翼受到俯仰力矩变化量为

$$\Delta C_{m\,\mathrm{int}}(\delta_{\mathrm{elev1}}) = \Delta C_{L2}(\delta_{\mathrm{elev1}})\frac{x_{\mathrm{ac2}}-x_{\mathrm{cg}}}{c_1+c_2} \tag{2-58}$$

因此前升降舵舵效为

$$C_m^{\delta_{\mathrm{elev1}}} = C_{m1\,\mathrm{iso}}^{\delta_{\mathrm{elev1}}}\frac{S_1}{S_1+S_2}\frac{c_1}{c_1+c_2}+\Delta C_{m\,\mathrm{int}}^{\delta_{\mathrm{elev1}}} \tag{2-59}$$

在升降舵小舵偏角（10°以下）情况下，舵效可视作常数，其导数可定义为简单的比值

$$C_{m\,\mathrm{iso}}^{\delta_{\mathrm{elev1}}} = \frac{\Delta C_{m1\,\mathrm{iso}}}{\delta_{\mathrm{elev1}}},\quad \Delta C_{m\,\mathrm{int}}^{\delta_{\mathrm{elev1}}} = \frac{\Delta C_{m\,\mathrm{int}}}{\delta_{\mathrm{elev1}}}$$

此时前后翼的升力系数变化为

$$\Delta C_L(\delta_{\mathrm{elev1}}) = \Delta C_{L1}(\delta_{\mathrm{elev1}})\frac{S_1}{S_1+S_2}+\Delta C_{L\mathrm{int}} = \Delta C_{L1}(\delta_{\mathrm{elev1}})\frac{S_1}{S_1+S_2}+\Delta C_{L2}(\delta_{\mathrm{elev1}})\frac{S_2}{S_1+S_2}$$

如果升降舵长度只占部分展长，如图 2-27 所示，方向舵两侧涡的影响使得流场更加复杂：这些涡对后翼分别产生上洗和下洗影响区域，该区域和前翼翼尖自由涡流区重合，产生叠加效应。

当重心前移时，由于力臂减小，前翼升降舵产生的俯仰力矩减小，同时后翼受到下洗流影响产生升力的力臂增加，因此干扰力矩增加，

更重要的是，增大攻角时，前翼升降舵向下偏转产生抬头力矩，最大升力系数增加，此时后翼升降舵需要向上偏转，产生负升力系数，升力减小，使得飞机的最小飞行速度

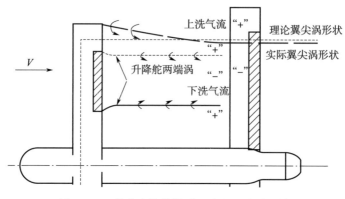

图 2 - 27　前升降舵偏转时上洗和下洗流区域

增加。

大攻角下，升降舵向下偏转可以减小前翼的失速攻角，后翼升降舵向上偏转可以增加后翼的失速攻角，二者均可防止飞机陷入螺旋状态。

因此，从安全角度看，升降舵位于前翼与后翼区别不大，但为了提高最大升力系数并降低最小飞行速度，升降舵最好布置在前翼上。

式（2-49）～式（2-58）并未考虑升降舵偏转时前翼产生的涡在竖直方向的位移。升降舵占弦长 30%、偏转角为 ±20° 时，后缘上下移动距离占弦长的 ±10%，当前后机翼竖直方向距离为 50%～100% 弦长时，这一变化对下洗流的影响不可忽略。

文献［6，P95］从控制以及气动长度方面给出了控制舵面的另一个数学模型。

本文推导的方法通过电子表格（Excel）形式实现，需要输入翼型、机身、垂尾等配置几何参数和气动特性参数，考虑翼间干扰并估算纵向气动特性参数（如升力、阻力、俯仰力矩系数），见图 2-28。

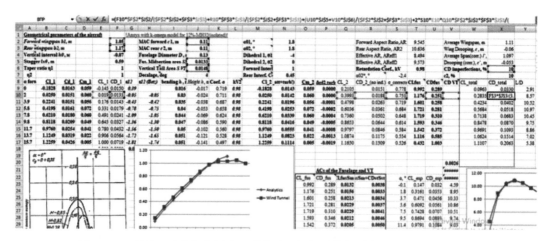

图 2 - 28　利用电子表格分析串置翼布局飞机气动特性并与风洞试验结果比较

开发的分析方法和经典方法相比具有如下优点：

1）提高了上洗和下洗流动计算的精度，从而提高了升力、阻力和俯仰力矩的精度；

2）可以考虑机翼具有小后掠角和上反角的状态；

3）计算滚转力矩时考虑了机翼间干扰的影响；

4）计算偏航力矩时考虑了机翼的侧向力的影响，

5）确定升降舵舵效时考虑了翼间干扰的影响。

该方法的不足之处在于：

1）忽略了 4 个翼尖涡及其所组成系统的复杂结构的影响。实际上，由于翼尖涡之间的互斥（在一定尺度上呈现为吸引）效应，正如试验所证实的，涡结构的形状与理论分析结果不同。为了考虑旋涡间的相互排斥影响，可以引入涡间相互作用的无量纲准则，但需要试验结果作为基础。

2）毕奥-萨伐尔公式忽略了真实的漩涡的黏性涡核，涡核从后翼表面通过时会改变后翼展向压力分布，进而改变升力和诱导阻力。为了避免这一缺点，可通过经验修正（目前尚未开发）或者选取布局参数以使得涡核不从后翼附近通过（为改善飞行器动态稳定性，推荐采用后者）。

3）力矩计算的前提是机翼后掠角较小（最大 $5°\sim10°$），对于串置翼布局而言是合理的，但鸭式布局的后掠角要大很多，此时基于升力线理论的公式并不适用，需使用 CFD 方法（推荐使用类似 XFLR5 的软件）。

可以通过重新分析涡流形状、考虑翼尖涡之间的互斥影响（图 2-4）等来改进上述确定下洗流和后翼气动特性分析的方法，但一般情况下很难做到。

2.3　CFD 方法

本部分利用计算流体力学（CFD）方法开展串置翼布局飞行器气动特性研究，包括二维和三维方法，二维方法中，XFOIL 可用于对单个翼型的分析，ANSYS 可用于对由 2 个翼型组成的系统进行分析；三维方法中，XFLR5 可用于对机翼性能进行分析，ANSYS 可用于全机性能分析。

文献［31］介绍了针对串置翼的 CFD 相关研究，前翼翼展较大的布局其后翼升力较小，总升阻比也较低。

使用 XFOIL 程序分析翼型气动特性时，基于 NACA4412 翼型的计算结果表明，低雷诺数下，在飞行攻角范围内，计算结果与翼型数据库[32,P45]吻合较好，高雷诺数下，计算结果和试验结果一致性也较好[33,P59]（图 2-29），包括层流下升阻力系数的漏斗形状。即使是新的湍流模型，XFOIL 计算结果与试验结果吻合也较好[34,P71]。

对于翼型分析等二维情形，由于分析的计算量不大，表征流场干扰的两个特征量——湍流强度和流场减速效应——均可进行计算分析。ANSYS 软件通过求解基于雷诺平均的纳维-斯托克斯方程（RANS），提供了基于压力和密度两种求解器，有 Spalart - Allmarts、Menter（$k-\omega$ SST）以及 Transition $k-kl-\omega$ 等一系列湍流模型可供选择（表

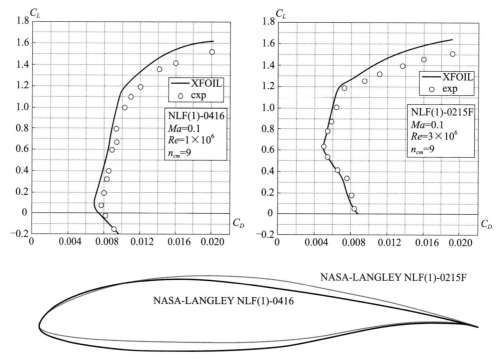

图 2-29　XFOIL 计算翼型气动性能与风洞试验比较（雷诺数分别为 10^6、$3×10^6$）

2-8）。不同求解器的计算结果相近，但并不是所有模型都能收敛至同一结果，如 Transition SST 模型与间歇转捩 $k-\omega$ SST 模型。针对翼型的计算表明，攻角较小（2°）时 XFOIL 与 Transition $k-kl-\omega$ 计算结果相近（C_D 分别为 0.008 3 与 0.008 5，C_L 分别为 0.543 与 0.534）。

表 2-8　前后翼阻力系数

方法	C_{d1}	C_{l1}	C_{d2}	C_{l2}
XFOIL	0.008 3	0.543	—	—
pb,SA 模型	0.013	0.523	0.015 5	0.235
db,SA 模型	0.013 2	0.512	0.155	0.226
pb,$k-\omega$ SST	0.013 1	0.512	0.015 3	0.230
db,$k-\omega$ SST	0.013 5	0.507	0.015 8	0.228
db,$k-kl-\omega$	0.008 5	0.534	0.011 9	0.261

但 ANSYS 计算结果显示，即使后翼处于前翼尾流区域外，后翼阻力也会增加 20% 甚至更多。图 2-30 为两组翼型的流线分布情况，颜色表示湍流强度，前翼安装角为 2°，后翼为 0°。

由于前翼引起的流动转捩并未影响到后翼，后翼受层流影响区域相对更大（深蓝色等值线），摩擦阻力小于前翼；但计算的压差阻力要比前翼大五倍。

因此，湍流和流动阻滞的影响并未体现出来，附着涡带来的下洗流动改变了攻角，但

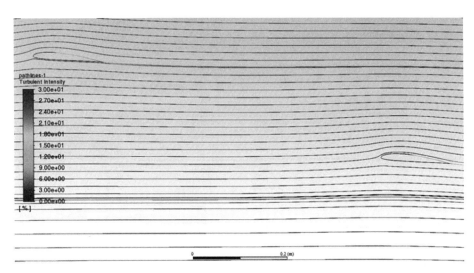

图 2-30　ANSYS 计算的 SD8040 翼型流场（攻角 5°，Transition $k-kl-\omega$ 模型）（见彩插）

并未引起阻力的增加（由于沿机翼弦线方向的下洗流不均匀，阻力增加很小）。比较合理的解释是：二维情况下气动阻力的增加仅仅是数值计算的结果，并没有物理基础，RANS 方法并不适用于评估处于另一物体流场中翼型的气动特性。

利用 CFD 方法分析串置翼布局飞行器气动特性时，需要对沿翼尖涡方向的网格进行精细布置[35,P761]，对算力要求更高。但即使这样，对此类飞行器周围流场进行分析时也存在模型校正的问题。计算表明，利用 RANS 方法进行三维流场仿真时，翼尖涡的耗散（衰减）速度比实际情况下要快[35,P769,36,P594]。因此，数值方法无法完全考虑串置翼布局的翼间干扰这一基本流场现象。

在串置翼布局飞行器的设计阶段，推荐使用数值计算方法确定翼型气动特性或者前翼气动特性。缺乏试验数据支撑时，还应考虑理论分析方法（见 2.2 节）来确定串置翼布局飞行器气动特性。由于无法对具有翼尖小翼的布局和折叠翼布局进行理论分析，因此在第 3 章中利用 ANSYS 对这两种布局进行了数值分析。此外，还利用数值方法对机翼上反布局进行分析，并和理论推导以及试验结果进行比较。

2.4　试验方法

尽管用于气动特性评估的数值计算方法以及新的理论分析方法发展迅速，风洞试验仍然是飞机概念设计阶段最精确和最可靠的原始数据来源。

第 3 章中的试验数据（3.2 节和 3.4 节）是 2013 年 2 月～3 月在安东诺夫公司（乌克兰基辅）AT-1 风洞中获得的，模型（图 2-31）由乌克兰国立大学"伊戈尔·西科斯基基辅理工学院"提供，该模型由 Illia Kryvokhatko 和 Oleksandr Pulava 制造，模具由 Oleksand Masko 提供。

模型（1∶1 比例）的测试项目如下：

- 确定基准无人机模型的气动特性；
- 确定翼间水平距离对气动特性的影响；
- 确定机翼上反角对气动特性的影响；
- 确定侧向气动特性；
- 机翼试验支架影响评估；
- 评估气动特性颤振试验时保护栅的影响。

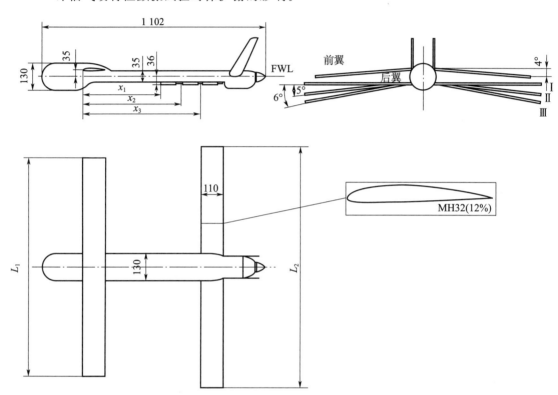

图 2-31　试验模型 002MBLA100 草图（不含试验支架）

试验模型为串置翼布局，前后机翼均无后掠，双垂尾方案。一套模型包含一个机身、两个前翼（固定）、两个后翼（可动）、三个用于改变后翼上反角的垫片、两片垂尾以及四个用于增加翼展的机翼插件。

图 2-32～图 2-35 为模型不同配置的照片，表 2-9 给出了模型的详细几何参数。

模型机身是整体式的，头部为带半球形鼻子的圆柱形，中部截面为导角矩形，尾部（发动机舱）形状较复杂。前后机翼的支架由厚度为 3 mm 的 D16 硬铝加工制成，用螺钉固定在机身中部。前后机翼弦长均为 110 mm，采用 MH32 翼型，相对厚度为 12%，无扭转。利用塑料加工了前翼整流罩，由于后翼需要频繁更换，因此没有加工。整个试验期间前翼相对机身位置没有变化，其相对机身水平线安装角为 −4.2°，上反角为 −4°。

后翼沿机身共有三个安装位置，前后机翼间水平间距分别为：$l_{x0} = 390$ mm（构型 No1），$l_{x0} = 490$ mm（构型 No2），$l_{x0} = 590$ mm（构型 No3），对于不同的间距，在前文提及

图 2-32　AT-1 风洞试验段无人机模型：构型 1-1，上反角 $\theta_2 = -5°$，后翼位于 No1 位置

图 2-33　AT-1 风洞试验段无人机模型：构型 2-1，上反角 $\theta_2 = 0°$，后翼位于 No3 位置

图 2-34　AT-1 风洞试验段无人机模型：构型 1-2，上反角 $\theta_2 = -5°$，后翼位于 No3 位置

图 2-35　AT-1 风洞试验段无人机模型：构型 2-2，上反角 $\theta_2 = -5°$，后翼位于 No3 位置

的垫片作用下，上反角设置为 0°、-5°和-9°，机翼安装角为 0°。

表 2-9　002MBLA100 无人机模型几何参数

	机身	符号	数值
1	横截面积	S/m^2	0.013 3
2	直径（头部）	D/mm	130
3	长度	L_{fus}/mm	1 102
4	相对横截面积	S_{fus}	0.054 5
5	中部横截面积	S_{cfus}	0.007 1
	前翼	符号	数值
1	不包含外接机翼时翼面积	S_1/m^2	0.115 5
2	包含外接机翼时翼面积	S_1/m^2	0.153 5
3	不包含外接机翼时平均气动弦长	c_1/mm	110
4	包含外接机翼时平均气动弦长	c_1/mm	105.9
5	不包含外接机翼时翼展	b_{1min}/mm	1 050
6	包含外接机翼时翼展	b_{1max}/mm	1 450
7	安装角（相对机身水平线）	$\alpha/(°)$	-4.2
8	后掠角	$\Lambda_1/(°)$	0
9	上反角	$\theta_1/(°)$	-4.0
10	相对机身水平线高度	Z_1/mm	35
11	不包含外接机翼时展弦比	AR_1	9.545

续表

12	包含外接机翼时展弦比	AR_1	13.697
13	不包含外接机翼时梢根比	TR_1	1
14	包含外接机翼时梢根比	TR_1	1.16
	后翼	**符号**	**数值**
1	不包含外接机翼时翼面积	S_2/m^2	0.128 7
2	包含外接机翼时翼面积	S_2/m^2	0.166 7
3	不包含外接机翼时平均气动弦长	c_2/mm	110
4	包含外接机翼时平均气动弦长	c_2/mm	107.5
5	不包含外接机翼时翼展	$b_{2\min}/mm$	1170
6	包含外接机翼时翼展	$b_{2\max}/mm$	1570
7	安装角(相对机身水平线)	$\alpha/(°)$	0
8	后掠角	$\Lambda/(°)$	0
9	上反角	$\theta/(°)$	$0, -5, -9$
10	相对机身水平线高度	Z_2/mm	-36
11	不包含外接机翼时展弦比	AR_2	10.636
12	包含外接机翼时展弦比	AR_2	14.786
13	不包含外接机翼时梢根比	TR_2	1
14	包含外接机翼时梢根比	TR_2	1.16
	垂尾	**符号**	**数值**
1	总面积(两个)	S/m^2	0.014 8
2	相对面积(相对基本构型)	$\overline{S}_{VT}$	0.060 7
3	平均气动弦长	c_{VT}/mm	47.6
4	中心相对机身水平线高度	Z_{VT}/mm	160.9
5	1/4 弦后掠角	$\Lambda_{VT}/(°)$	31
6	力臂(相对重心)	L_{VT}/mm	540.9
7	展弦比	AR_{VT}	3.50
8	梢根比	TR_{VT}	1.98

　　用于改变翼展的机翼插件安装于前后机翼的翼尖,插件为等弦长(95 mm),相对厚度为 8.7%,采用 MH32 翼型,通过碳棒与机翼末段相连。研究了采用不同翼展机翼插件的四种布局:

　　1-1:无伸缩机翼的基本构型

　　1-2:仅后机翼安装机翼插件

　　2-1:仅前机翼安装机翼插件

　　2-2:前后机翼均安装机翼插件

为了确定机翼插件的净影响(不存在翼间干扰),设计试验了没有后机翼的试验模型:

布局 1-0 为没有机翼插件，2-0 为安装机翼插件。

模型的垂尾由两片安装在机身尾部两侧的鳍片组成，鳍片和机身之间的连接件同样由塑料制成。

该无人机没有起落架、高升力装置及水平尾翼，试验模型中也未包含控制面及动力系统。

为将试验模型固定在气动平衡悬架上，在前机翼两侧距对称面 400 mm 处设计了支架安装孔。为了评估支架的影响，利用仿制的支架对模型进行了试验（图 2-36）。在机翼上距离支架 120 mm 处（靠近机身方向）新开孔用于安装木制支架。

图 2-36　含支架的无人机模型

试验时，风洞试验段流速为 25 m/s，对应马赫数为 0.075，参考长度选为前机翼弦长 0.11 m 时，对应雷诺数为 $1.87×10^5$，对于串置翼布局而言，选为等效弦长 0.22 m 时，对应雷诺数为 $3.75×10^5$。

流速大小由风洞试验段总压和静压差 ΔP 决定，通过 MPXV-0,4 压力传感器测量。

模型所受气动力和力矩通过六分量自动天平 AV-M2 测量，攻角 α 为来流与机身平面夹角，侧滑角 β 为来流与机身对称面的夹角。

在气动坐标系中建立模型的气动特性（无侧滑情况下和气流坐标系重合，见图 2-37），坐标原点沿机身方向距离前机翼前缘 $X_T=252$ mm，垂直向下距离 $Z_T=-40$ mm。

为了避免气动迟滞现象，只有当攻角、侧滑角和流速调整到位之后才开展试验，没有测量往复运动的影响。

处理测试结果时，对 AT-1 风洞试验结果进行了边界层效应、阻塞效应以及气动力和力矩测量悬架影响修正，还需要对低速（$V=25$ m/s）下悬架阻力变化进行校正。因此基本外形（机翼投影面积 $S=0.244\ 2\ m^2$）的阻力系数偏小，$\Delta C_x=0.005\ 7$，但同时机翼支架带来的额外阻力又补偿了这种影响。

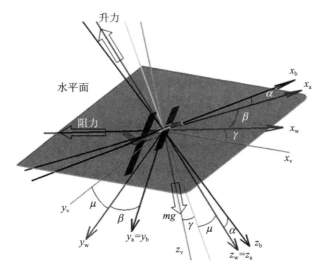

图 2-37　飞机坐标系系统：A 为气动坐标系，B 为机体坐标系，W 为气流坐标系，g 为航向角，

m 为倾侧角[37]（注：气动坐标系在中文文献中常称为半机体坐标系）

这些试验的一个特点是模型灵活可调，即利用安装在气动天平上可垂直移动的激光水平仪确定后翼的弯度，确定了有无下洗气流影响的情况下，不同攻角下后翼翼尖横截面的位置，机翼扭转度的测量表明这一影响可忽略。

2.5　解析法/CFD 方法与试验数据的比较

采用 XFOIL 和 ANSYS 分别计算了雷诺数 $Re = 186\,000$ 条件下前后翼翼型的气动特性，不仅分析了单个翼型，还考虑了前后翼组成的系统。基于 2.2 节中的解析法确定了有限翼展（并考虑相互干扰）下前后翼的 C_L 和 C_D。机身和垂尾的气动特性来源于试验数据：即利用单翼飞机（含机身、前翼和垂尾）的数据减去前翼数据。由于机翼为矩形且没有扭转，解析法相对简单且误差很小，阻力的误差在 10%。为了更清楚起见，本文没有给出极曲线，而是给出了升阻比的相关性，此时差异更明显（图 2-38～图 2-41）

首先，必须考虑翼间干扰对升力和升阻比的影响，否则升力线斜率 a、最大升力系数 $C_{L\max}$ 及 $(L/D)_{\max}$ 将会被高估，计算结果将与试验数据相差甚远。尽管 XFOIL 计算的单翼翼型的 C_L 在线性区域有一个间断点，但其与试验结果较接近；针对单翼翼型的计算表明 ANSYS 计算的升力系数偏低，对于双翼系统而言，后翼的升力系数 C_L 将更低。

但是，XFOIL 计算的阻力明显偏低，因此升阻比被高估，对此，后翼升力系数利用 ANSYS 的计算结果将改善计算结果与试验数据的一致性。需要注意，针对前翼上反角为负和后翼可调的串置翼布局而言，后者确实进入了湍流状态。对于布局合理的串置翼无人机而言，前后机翼分布在竖直平面上（由于间隙 h_0 和上反角的关系），XFOIL 预测结果更接近试验数据，这将大大减少气动性能计算时间。此外，由于后翼参数可调，试验模型后翼变形部分与机身连接处没有融合处理，一方面由于表面的不光滑产生的阻力被低估了，

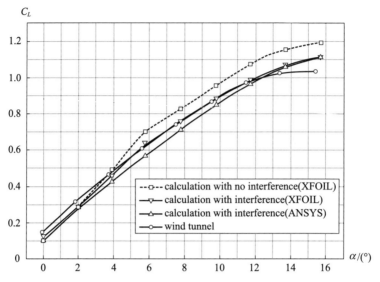

图 2-38 升力系数-攻角曲线（构型 1-1，$l_{x0} = 590$ mm，$\theta_2 = 0°$）

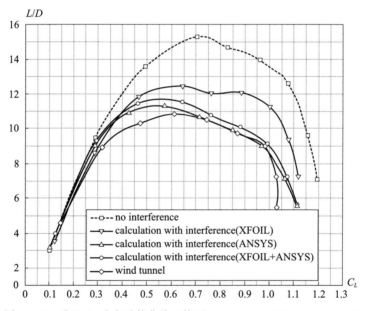

图 2-39 升阻比-升力系数曲线（构型 1-1，$l_{x0} = 590$ mm，$\theta_2 = 0°$）

另一方面，在翼根处产生自由涡，导致诱导阻力远大于预测值。

表 2-10 给出了模型最大升阻比值。确定无人机升力特性时，可采用解析-数值法相结合的手段，即 XFOIL 与 ANSYS（采用 Menter 湍流模型）计算结果相结合，虽然利用 XFOIL 计算 C_L 时出现了断点（风洞试验和 ANSYS 计算中均未出现），但 XFOIL 计算更快，结果甚至更接近试验。

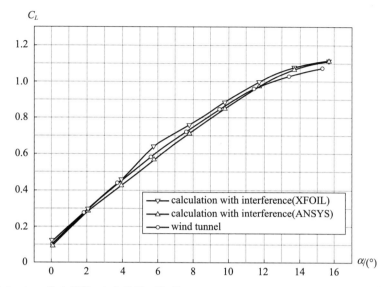

图 2-40　升力系数-攻角曲线（构型 1-1，$l_{x0}=590$ mm，$\theta_2=-9°$）（见彩插）

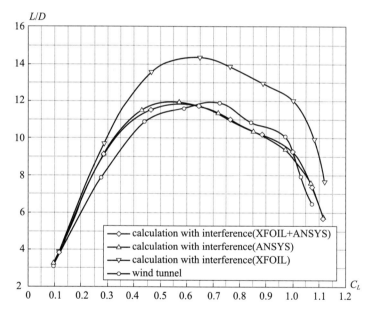

图 2-41　升阻比-升力系数曲线（构型 1-1，$l_{x0}=590$ mm，$\theta_2=-9°$）

表 2-10　1-1 构型无人机模型升阻比

$\theta_2/(°)$,l_{x0}/m	风洞试验		ANSYS 2D		XFOIL+ANSYS 2D	
	0.39	0.59	0.39	0.59	0.39	0.59
0	10.6	10.9	11.1	11.3	11.3	11.55
−9	11.3	11.9	11.7	11.9	11.5	11.75

　　分析无人机阻力时，建议采用前后机翼系统的 ANSYS 2D 计算结果，此时分析的最

大升阻比误差不超过 7%，对于解析方法而言是可以接受的。当 $\theta_2 = -9°$ 时，计算结果与试验结果吻合得最好，对于翼尖涡距离较远时也是如此（整个模型的最大升阻比误差在 0.2~0.4）。机翼间距较近时，误差可达 0.5~0.7，可能的原因是黏性涡核运动轨迹较接近后翼表面（图 2-42）。结果给出了最大升阻比对应的攻角以及理论上涡的位置，对于矩形机翼而言，位于半翼展 89% 处[8,P104]。实际上，可视化结果显示涡流向下偏转（图 2-5），因此涡流距下机翼表面的实际距离甚至不到机翼弦长的一半。对于前后翼水平间距 $l_{x0} = 390$ mm 情况，前翼翼尖涡与后翼距离更近。根据已有数据，翼间水平间距越大，解析法与数值方法之间的误差越小。

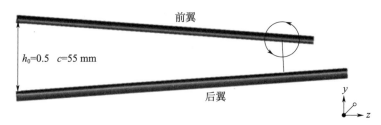

图 2-42　弯曲机翼前视图（构型 1-1，$l_{x0} = 590$, mm，$\theta_2 = 0°$，$\alpha = 5.8°$）

研究增加翼间水平间距以及后翼上反角为负的影响时发现，其均可提高最大升阻比，但解析-数值分析方法低估了二者的影响。如翼间距离 l_{x0} 范围为 390 mm ~ 590 mm，因此 $\Delta l_{x0} = 200$ mm，或者以机翼弦长为参考长度，则 $\Delta l_{x0} = 200$ mm/$(2 \times 110$ mm$) = 0.91$。风洞试验的升阻比变化量 $\Delta(L/D)_{\max(\Delta l_{x0} = 0.91)} = +0.3 \sim +0.6$，而数值方法为 $+0.2 \sim +0.25$，需要注意试验精度问题，在大多数情况下，升阻比误差在 0.3 左右就已经很不错了。

上反角的影响更大：风洞试验的升阻比变化量 $\Delta(L/D)_{\max(\Delta\psi_2 = -9)} = +0.7 \sim +1.0$，而数值方法为 $+0.2 \sim +0.6$。

这些差异可能与解析-数值方法未考虑翼间距离较近时阻力急剧增加有关，而在合理设计的串置翼布局中不会出现间距非常近的现象。

成熟方法的一个优点是可以分析飞机侧滑角的影响（图 2-43）。针对没有后翼（单翼机）模型的风洞试验表明，前翼下反（上反角为负）时滚转通道是不稳定的：在侧滑角 $-15° \sim 15°$ 范围内，稳定性系数 C_l^β 为负。安装后翼后，在 $-5° \sim 5°$ 侧滑角范围内模型为稳定的，在此范围之外模型为中性稳定。

运用理论分析法确定后翼的滚转力矩：以单翼模型数据为基准（以四个机翼的总面积作为参考面积）。针对串置翼布局的分析表明：不考虑翼间干扰（和传统布局一样）时布局在侧滑角范围内为中性稳定，但考虑诱导滚转力矩（见 2.2.7 节）时，分析结果与风洞试验一样，在 $\beta = -5° \sim +5°$ 范围内滚转稳定。分析的稳定性系数 C_l^β 也相近，滚转力矩系数的差异主要是由于左右机翼安装角不精确造成的，即使在侧滑角为零时也会产生一定的滚转力矩。

由于侧滑角 $\beta = \pm 5°$ 时，前翼翼尖涡移动超出后翼翼展，因此线性关系就此间断。

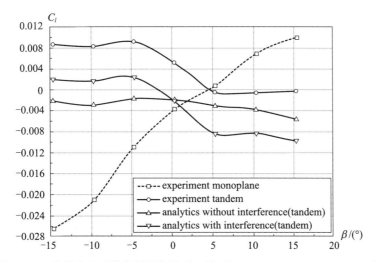

图 2-43　滚转力矩系数与侧滑角关系（构型 1-1，$l_{x0}=590$ mm，$\theta_2=0°$）

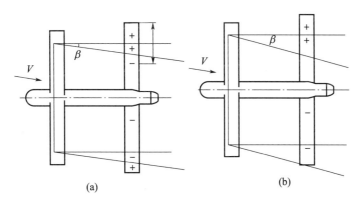

图 2-44　存在侧滑时串置翼布局翼尖涡分布

对于小的正侧滑角，左前翼的翼尖涡降低了左后翼受上洗流的作用面积［图 2-44（a）］，从而降低了左后翼的实际攻角以及所受的升力，这意味着引起的滚转力矩增量为负（即是稳定的）。当侧滑角大于某一值（这里为 $\beta=5°$）时，左前翼翼尖涡从左后翼翼展之外流过［图 2-44（b）］，之后整个尾翼都受到下洗气流的影响，但侧滑角的增加消除了涡流的影响，进而减轻了下洗气流的影响。即随着侧滑角的增加，机翼实际攻角增加，左侧涡流导致后机翼升力增加以及不稳定力矩增加。此即滚转力矩关系 $C_l(\beta)$ 曲线变化的物理解释。侧滑为正的情况下，右侧涡流使得右侧后翼升力增加，进而持续产生滚转稳定力矩。针对风洞试验外形，在不考虑涡间互斥效应的情况下展开了前翼翼尖涡流经后翼翼尖时侧滑角的计算：$l_{x0}=390$ mm 时侧滑角 $\beta=8.7°$，$l_{x0}=590$ mm 时 $\beta=5.6°$，这与试验观察到的在侧滑角 $5°\sim10°$ 时滚转力矩系数趋势变化相符。

显然，侧滑角为负时与为正的情况对称：侧滑角 $-5°\sim-10°$ 区间内的某个角度，右涡产生的力矩从稳定变为不稳定，而左涡会增加滚转稳定性。

3.6 节中提供了利用 CFD 进行滚转稳定性分析的更多数据。表 2-11 及图 2-45、图 2-46 给出了利用解析法和风洞试验对方向稳定性进行评估的比较。

表 2 - 11　试验模型 $C_n^\beta \times 10^{-3}$（构型 1 - 1，$-10° < \beta < 10°$）

$\theta_2/(°)$	解析法			风洞试验		
	l_{x0}/m					
	0.39	0.49	0.59	0.39	0.49	0.59
0（+4.1）	−2.03	−2.05	−2.06	−1.87	−1.88	−1.95
−5（−0.9）	−1.99	−1.99	−1.99	−1.80	−1.86	−2.02
−9（−4.9）	−2.03	−2.05	−2.06	−1.86	−2.03	−2.22

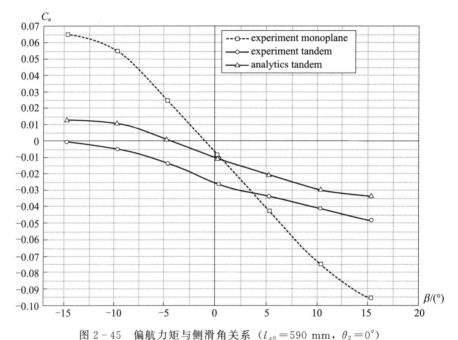

图 2 - 45　偏航力矩与侧滑角关系（$l_{x0} = 590$ mm，$\theta_2 = 0°$）

　　和滚转力矩一样，模型安装角的误差也引起了关系曲线在垂直方向的偏移，但这并不影响对于静稳定性的评估。

　　必须承认的是，风洞试验中上反角较小，但其对方向稳定性的影响很大（$l_{x0} = 590$ mm，$\theta_2 = -9°$ 时略小于 6%）。

　　由于后翼弯曲，前后机翼的上反角并不是理论值 −9° 和 0°，而分别是 −5° 和 4°，采用解析法进行分析时考虑了这一影响，最终解析法计算的偏航力矩对侧滑角的导数与试验结果相差不超过 10%，显示了较好的一致性。

　　考虑到有侧滑时，左右后翼会产生不同的升力（图 2 - 44），因而左右机翼上反角不一样，则可以改善不同方法计算结果之间的一致性。

　　由于风洞试验模型中未包含控制舵面，为了验证升降舵的舵效，使用了 A - 8 飞机（图 1 - 3）的试验结果，这一比较主要基于参考文献 [38]，并增加了解析法计算结果。飞机的详细描述见文献 [39]，前翼升降舵的偏转角范围为 −20°～20°，后翼也采用了相同的翼型（图 2 - 47）。

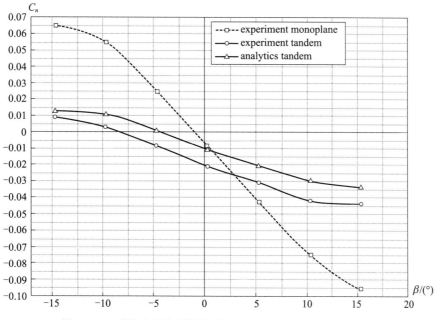

图 2-46　偏航力矩与侧滑角关系（$l_{x0} = 590$ mm，$\theta_2 = -9°$）

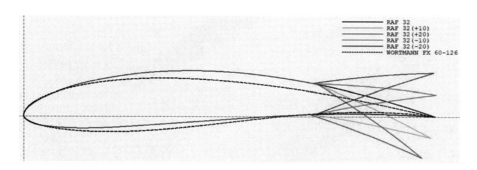

图 2-47　含升降舵偏转的前翼翼型

因此，主要采用了以下气动特性分析方法：

1）采用了 2.2.9 节和文献 [40] 中的解析法，计算分别基于 XFOIL 和 ANSYS 的二维计算结果（图 2-48）；

2）低精度 CFD 软件 XFLR5[41]，并对模型的机翼进行建模（图 2-49）；

3）风洞试验[42]。

图 2-50 和图 2-51 分别为 2°和 6°攻角下，升降舵舵偏对升力系数的影响曲线，图 2-52 和图 2-53 为对应的俯仰力矩系数变化曲线。

因此，关于舵控制舵面的舵效可得出如下结论：

1）与单前翼布局相比，串置翼布局中升力系数对升降舵舵偏角变化不太敏感，相比之下，俯仰力矩系数随舵偏的变化更快，这主要是翼间干扰引起的：前翼升力越大，后翼受到的下洗流影响越大，理论分析也验证了这一现象。

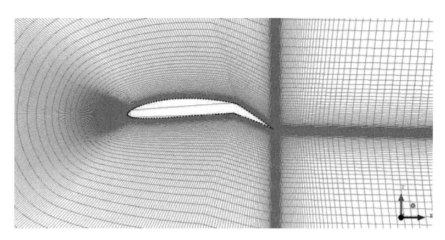

图 2-48　ANSYS 的 RAF-32 翼型网格（$\delta_{\text{elev}} = 20°$，为解析方法提供数据）

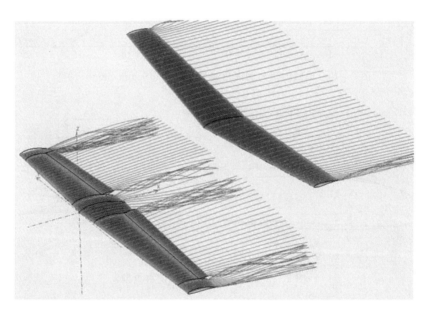

图 2-49　用于计算的带升降舵的机翼模型（XFLR5）

2）XFLR5 中的基于马蹄形涡的涡格法（VLM1）性能不佳，不能用于评估控制舵面的舵效。

3）基于环状涡的涡格法（VLM2）最适合升降舵向下小角度偏转（$0° < \delta_{\text{elev}} < 10°$）的情况，在此范围内推荐使用该方法。

4）升降舵舵偏角超过 10°时，两种 CFD 方法计算结果均不可用（即使是精度较低的评估方法），此时舵效被大大高估。

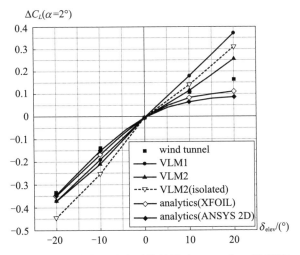

图 2 - 50　舵偏角对升力系数的影响（$\alpha = 2°$）（见彩插）

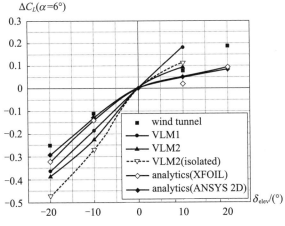

图 2 - 51　舵偏角对升力系数的影响（$\alpha = 6°$）

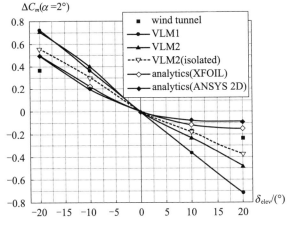

图 2 - 52　舵偏角对俯仰力矩系数的影响（$\alpha = 2°$）

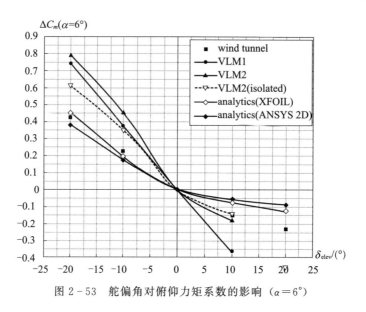

图 2 - 53　舵偏角对俯仰力矩系数的影响（$\alpha = 6°$）

当升降舵向上偏转（$-10° < \delta_{elev} < 0°$）时，基于 XFOIL 程序的解析法以及 ANSYS 二维计算结果显示，其对舵效的评估精度均较高，推荐在此范围内使用，但其低估了控制面向下偏转时的舵效。

2.6　结 论

本章对串置翼布局飞机的空气动力学问题进行了全面研究。针对具有中等上反角和机翼后掠角的布局，发展了解析法研究其纵向和横向动力学特性，此外还介绍了使用的数值计算方法和风洞试验方法。

总体而言，发展的解析法计算结果与经过校准的风洞试验数据吻合较好，较好地捕捉到了翼间干扰的影响，如在特定侧滑角下，滚转稳定性会发生突变，这在理论上是可以预测的，但并没有定量评估。本文还推导了机翼上反（和 V 尾类似）情况下的偏航力矩表达式，而不仅仅在垂直平面上进行投影；该方法还显示了机翼上反/下反时气动干扰是如何影响方向稳定性的。

推导了考虑气动干扰情况下控制舵面舵效的计算公式，尤其是前翼上的升降舵，对于小的负舵偏角，计算结果和风洞试验数据吻合较好，对于中等负舵偏角，基于环状涡的涡格法（XFLR5）结果最精确。

关于解析法和数值方法的验证问题，需要在合理布局参数的基础上进行进一步的风洞试验：翼差角 $-1° \sim -3°$（后翼安装角较小），增大前后翼的竖直方向间距，同时前翼上反角应为正。

参 考 文 献

［1］ Mhitaryan AM (1974). Aerodinamika (Aerodynamics). Nauka, Moscow.

［2］ Kryvokhatko IS (2015). Metod vyznachennya aerodynamichnyh kharakterystyk litalnogo aparata skhemy tandem (Method for aerodynamic characteristic determination of tandem wing aircraft). Dissertation, National Aviation University, Kyiv.

［3］ Kryvokhatko I, Masko O (2017). Aerodynamic characteristics and longitudinal stability of tube launched tandem - scheme UAV. In: Volkov K (ed) Flight physics - models, techniques and technologies. IntechOpen, pp 73 - 84. https://doi. org/10. 5772/intechopen. 68297.

［4］ Yuriev BN (1938). Eksperimentalnaya aerodinamika (Experimental aerodynamics). NKOP USSR, Moscow.

［5］ Butler G (1981). Effect of downwash on the induced drag of canard - wing combinations. Eng Notes 19 (5): 410 - 411.

［6］ Minardo A (2014). The tandem wing: theory, experiments, and practical realisations. Disserta - tion, Politecnico Di Milano, Milan. https://www. politesi. polimi. it/bitstream/10589/9361 9/1/ 2014 _ 07 _ Minardo. pdf.

［7］ Belosvet AA et al (1998). Samolyot (Aircraft). RU Patent 2102287, 20 January 1998.

［8］ Ostoslavskiy IV, Kalachev GS (1951). Prodolnaya ustoichivost I upravlyaemost samoleta (Longitudinal stability and controllability of aircraft). GIOP, Moscow.

［9］ Repik YU, Sosedko YP (1975). Vliyaniye turbulentnosti potoka na rezultaty vesovyh izmereniy v aerodinamicheskih trubah (Effect of flow turbulence on results of weight measurements in wind tunnels). TsAGI, Moscow.

［10］ Silkov VI (ed) (2009). Bespilotnye letatelnye apparaty: metody priblizhennyh raschetov osnovnyh parametrov i harakteristik (UAVs: methods for approximate calculations of the main parameters and characteristics). Central Scientific Research Institute of Armament and Military Equipment of the Armed Forces of Ukraine, Kyiv.

［11］ Kryvokhatko IS, Masko OM, Sukhov VV (2012). Doslidzhennya vplyvu pochatkovogo stupennya turbulentnosti potoku na aerodynamichni harakterystyky systemy dvoh profiliv (Research of initial flow turbulence intensity effect on aerodynamic characteristics of a two - airfoil system). KhAI, Kharkiv.

［12］ Lapin YV (2004). Statisticheskaya teoriya turbulentnosti (Statistical theory of turbulence). SpbSTU, Saint Petersburg.

［13］ Kryvokhatko IS (2014). Kryterii podibnosti vykhrovykh system litalnyh apariv skhemy tandem (Similarity criteria for vortex systems of tandem wing aircraft). KhAI, Kharkiv.

［14］ Hoerner S (1965). Fluid - dynamic drag: practical information on aerodynamic drag and hydro - dynamic resistance. Hoerner Fluid Dynamics, Bricktown.

[15]　Van Dyke M (1988). An Album of Fluid Motion. Parabolic Press，Stanford. http：//courses. washington. edu/me431/handouts/Album - Fluid - Motion - Van - Dyke. pdf.

[16]　Prandtl L，Tietjens O (1957). Applied hydro - and aeromechanics. Dover Publications，New York.

[17]　Votyakov VD (1972). Aerodinamika letatelnyh apparatov i gidravlika ih sistem (Aerodynamics of aircraft and hydraulics of their systems). VVIA Named After Prof. NE Zhukovsky，Moscow.

[18]　Popov AK (1999). Vliyaniye regulyarnyh vihrevyh vozmushcheniy privodnogo sloya atmosfery na aerodinamicheskiye harakteristiki tonkogo kryla (Influence of regular vortex disturbances of near - water layer of atmosphere on aerodynamic characteristics of a thin wing). Dissertation，East Siberian Institute，Irkutsk.

[19]　Dremov VS，Shtork SI，Kabardin IK (2018). Determining the parameters of vortex structures in a hydrodynamic vortex chamber. J Phys Conf Ser 980. https：//doi. org/10. 1063/1. 3464883.

[20]　Del Pino C，et al (2010). PIV measurements of the structure of wing - tip trailing vortices and their comparison with theoretical models. In：15th international symposium on applications of laser techniques to fluid mechanics，Lisbon，Portugal，5 - 8 July 2010.

[21]　Delisi D，et al (2003). Aircraft wake vortex core size measurements. In：Proceedings of the 21st AIAA applied aerodynamics conference，Orlando，FL，23 - 26 June 2003. American Institute of Aeronautics and Astronautics. https：//doi. org/10. 2514/6. 2003 - 3811.

[22]　Alsayed O，Asrar W，Omar A (2010). Evaluation of aircraft wing - tip vortex using PIV. AIP Conf Proc 1225，382 (2010)；https：//doi. org/10. 1063/1. 3464883.

[23]　Cheng H，Wang H (2018). Prediction of lift coefficient for tandem wing configuration or multiple - lifting - surface system using Prandtl's lifting - line theory. Int J Aerosp Eng. https：// doi. org/ 10. 1155/2018/3104902.

[24]　Feistel T，Corsiglia V，Levin D (1981). Wind - tunnel measurements of wing - canard interference and a comparison with various theories. SAE Trans 90：2026 - 203911.

[25]　Wolkovitch J (1979). Subsonic VSTOL aircraft configurations with tandem wings. J Aircr 16 (9)：605 - 611. https：//doi. org/10. 2514/3. 58574.

[26]　Arranz G，Flores O，García - Villalba M (2020). Three - dimensional effects on the aerodynamic performance of flapping wings in tandem configuration. J Fluids Struct. https：//doi. org/ 10. 1016/ j. jfluidstructs. 2020. 102893.

[27]　Torenbeek E (1982). Synthesis of subsonic airplane design. Delft University Press，Holland.

[28]　Shmits FV (1963). Aerodinamika malyh skorostey (Low - speed aerodynamics). DOSAAF，Moscow.

[29]　Gao L，Jin H，Zhao J，Cai H，Zhu Y (2018). Flight dynamics modeling and control of a novel catapult launched tandem - wing micro aerial vehicle with variable sweep. IEEE Access 6：42294 - 42308. https：//doi. org/10. 1109/ACCESS. 2018. 2858293.

[30]　Seryoznov AN (ed) (1989). Rukovodstvo dlya konstruktorov letatelnyh apparatov samodeyatelnoy postroyki (Manual for designers of self - made aircraft). Siberian Scientific Research Institute Of Aviation，Novosibirsk.

[31]　Taşkin K (2019). Aerodynamic design and control of tandem wing unmanned aerial vehicle. Master of science thesis，Middle East Technical University，Ankara.

[32] Kashafutdinov ST，Lushin VN (1994). Atlas aerodinamicheskih harakteristik krylovyh profiley (Atlas of aerodynamic characteristics of wing airfoils) . Siberian Scientific Research Institute Of Aviation，Novosibirsk.

[33] Gopalarathnam A，Selig M (2001). Low - speed natural - laminar - flow airfoils：case study in inverse airfoil design. J Aircr 38 (1)：57 - 63.

[34] Langtry RB (2006). A correlation - based transition model using local variables for unstructed parallelized CFD codes. Institut für Thermische Strömungsmaschinen und Maschinenlaboratorium， Universität Stuttgart.

[35] Van Dam CP (1999). Recent experience with different methods of drag prediction. Prog Aerosp Sci 35：751 - 798.

[36] Kroo I (2001). Drag due to lift：concepts for prediction and reduction. Annu Rev Fluid Mech 33： 587 - 617. http：//www. annualreviews. org/doi/full/10. 1146/annurev. fluid. 33. 1. 587.

[37] Berndt JS，De Marco A (2022). Frames of reference. https：//jsbsim - team. github. io/jsbsim - reference - manual/mypages/user - manual - frames - of - reference/. Accessed 1 Oct 2022.

[38] Bilous II，Kryvokhatko IS，Yakovliev YuV (2020). Metodologiia obchyslennya efektyvnosti ruliv vysoty litalnogo aparata skhemy tandem (Methodology for calculation of elevator effec - tiveness of tandem wing aircraft) . National Technical University of Ukraine "Igor Sikorsky Kyiv Polytechnic Institute"，Kyiv http：//mgsys. kpi. ua/article/view/248733. Accessed 1 Oct 2022.

[39] Letatelnye apparaty (Flying Vehicles) (2007) . http：//aeroclub. com. ua/? module＝articles&c＝ La&b＝3&a＝2. Accessed 2 Oct 2022.

[40] Kryvokhatko IS (2019). Tandem - scheme aircraft controllability. In：IEEE 5th International Conference Actual Problems of Unmanned Air Vehicles Developments Proceedings (APUAVD)， Kyiv，22 - 24 October 2019.

[41] XFLR5 (2009). Analysis of foils and wings operating at low Reynolds numbers. https：// engineering. purdue. edu/～aerodyn/AAE333/FALL10/HOMEWORKS/HW13/XFLR5 _ v6. 01 _ Beta _ Win32％282％29/Release/Guidelines. pdf. Accessed 1 Oct 2022.

[42] Report ♯5152 (1987). Eksperimetalnyye issledovaniya aerodinamicheskih harakteristik naturnogo sverhlegkogo letatelnogo apparata A - 8 v aerodinamicheskoy trube T - 101 TsAGI (Experimental study of aerodynamic characteristics of a full - scale ultralight A - 8 aircraft in T - 101 wind tunnel of TsAGI) . TsAGI，Moscow.

第 3 章　几何参数对气动特性的影响

确定串置翼布局的初始尺寸与常规布局相似，首先综合分析评估翼载荷、展弦比等参数，建立功率（推力）与速度之间关系，最后评估不同飞行阶段设计值是否满足飞行要求。无人机重量、机翼面积、升力系数以及巡航速度需满足如下关系

$$mg = C_{L\text{cruise}} \frac{\rho V_{\text{cruise}}^2}{2} S$$

$$mg = C_{L\max} \frac{\rho V_s^2}{2} S$$

推力、阻力系数、机翼面积以及巡航速度需满足如下关系

$$T = C_{D\text{cruise}} \frac{\rho V_{\text{cruise}}^2}{2} S$$

如果有不满足的地方，则必须修改设计。如文献［1］中计算的巡航升力系数为 $C_L = 0.2$，明显偏低，且计算的升阻比也低得不合理，对于跨声速飞机而言，典型的巡航升力系数为 $C_L = 0.45$，而对于滑翔机可高达 1.0 甚至更高。

3.1　上机翼和下机翼

根据飞机设计流程，首先需要确定基本气动布局。对串置翼布局飞机而言，包括机翼形状、机翼相对位置以及机身、垂尾以及翼尖小翼等的几何参数，最后确定机翼翼形以及相关的角度（如安装角、上反角等）。

根据第 1 章的综述以及流经前翼后速度场分布（图 2 - 8），对于不需要考虑地效飞行的飞机推荐"前翼在上＋后翼在下"的布局，如起飞方式为手抛或弹射起飞、回收方式为伞降或草地着陆的无人机，在飞行攻角范围内，后翼不会落入前翼的流线中，且随着攻角的增大，负干扰减小。

对于典型展弦比的有人驾驶飞机（如 Rutan Quickie、A8 等），这种布局非常危险。当飞机接近跑道或地面时，地效导致后翼升力增加，飞机压心后移，从而产生显著的低头力矩（图 3 - 1），存在机头着地的风险。同样，在起飞过程中，离地一定距离时，会产生较大的抬头力矩——这取决于飞机在大攻角下的动力学特性及可用推力，同样可能导致事故。只有大展弦比飞机（中空长航时无人机如 Proteus 和 United 40）地效相对较低。出于安全因素，这样的布局是可接受的，同时也可能是最优的。

"前翼在下＋后翼在上"的布局确保了跑道起飞和降落时的安全性，前翼升力主要通过两方面来平衡：1）前翼压心后移（图 3 - 2）；2）由于前翼翼尖涡效应减弱，降低后翼所受下洗流影响，后翼升力增加（对于常规布局飞机而言，其压心也后移，图 3 - 3）。这

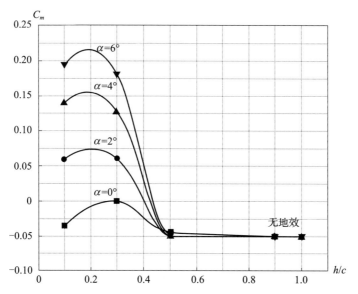

图 3-1　考虑地效时 NACA 2415 俯仰力矩系数（文献［2］数据）（见彩插）

种布局的一个特点是受最大攻角的限制：后翼不能出现在前翼的"物理影响"区域，从而约束了前后翼之间的纵向距离（图 3-4）。解决方案有：增加前后翼竖直方向的距离（翼盒高度）或前后翼的安装角（这增加了静态地面角和升力，减小了起飞距离，但增加了着陆距离）。

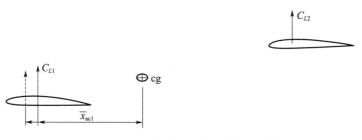

图 3-2　地效对前翼在下的串置翼布局影响

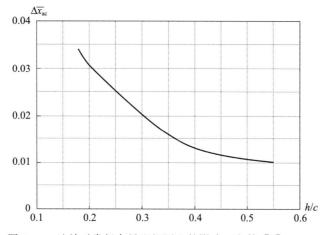

图 3-3　地效对常规布局飞机压心的影响（文献［3］，P592）

　　需要注意的是，"物理影响区角度"并不是几何概念，比如低马赫数时最大动压下降（约 7%）位置在 30% 翼弦位置处，如图 2-8 所示。

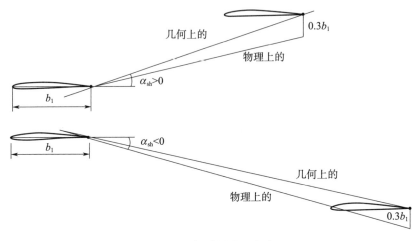

図 3-4　气动阴影区角度

　　很少将前后机翼放置于同一高度（即翼盒高度接近于零），这可在自杀式无人机（如弹簧刀无人机，见图 1-12）设计中得到证明，此时不需要长续航时间以及高升阻比，这种情况下，甚至可用平板来代替翼型（此时气动性能并不是关注的重点）。

　　3.4 节中详细研究了前后翼间距离（水平和垂直方向距离）的影响。

3.2　翼展比

　　概念设计阶段，最大翼展可能受技术要求等约束，为减小飞机尺寸，通常采用串置翼布局方案。翼展比 b_2/b_1 或翼面积比 S_2/S_1 可选范围通常较窄，一般在 1.0～1.2 之间。

　　为了提高俯仰稳定性，有建议称后翼升力线斜率和展弦比需大于前翼（这样的话，如果前后翼展长比为 0.25，展弦比分别为 4.2 和 16.6，此时不能称之为串置翼布局，而是鸭式布局）[4]。实际上，升力线斜率差异可以很小甚至为零，可通过增加重心和后翼之间的距离来提高飞行器的稳定性（见 2.2.6 节）。另一方面，通过增大前翼安装角来将重心前移，会导致前翼升力系数过高而后翼升力系数过低。

　　另一个建议是基于 Prandtl-Munk 理论：对于通勤用途而言，如果鸭翼布局中鸭翼的展弦比大于主机翼展弦比，则鸭翼布局的升阻比要高于常规的尾翼布局[5]。但这也是产生稳定性问题的症结所在：鸭翼的升力线斜率更高，但难以通过将重心前移来抵消其影响，因为鸭翼相对于主机翼太小了，无法产生比主机翼更多的升力。

　　如果前后翼翼展比小于 0.9～1.0，则尾翼安装角较小时其产生的升力只占总升力一小部分——实际上是一个常规布局的飞机方案，只是其水平安定面大得不合理，且完全在下洗气流区域。如果 $b_2/b_1 = 1.0$，则前翼的翼尖涡将向对称平面收缩，零侧滑时将一直介于后翼产生的涡中间，侧滑角 $|\beta| < 5°$ 时，需要考虑滚转通道的静稳定性的快速下降

（对于更大的翼展比 b_2/b_1，C_l^β 近似为常数的侧滑角 β 范围更大，参见 2.2.7 节）。在航空发展史上，翼展比小于 1 的例子屈指可数，在过去的几十年中，也只有弹簧刀及类似无人机具备这一特征，其续航时间很短（机翼甚至未采用翼型而是平板），此时气动性能并非首要考虑因素。

如果翼展比大于 1.2～1.3，则飞机又逐渐变成鸭翼布局，翼间干扰的负面影响降低（这主要是因为前翼相对于后翼较小，不足以对后翼的气动性能产生大的负面影响），升阻比增加（如 Proteus 飞机，图 1－9），并且有利于采取前起落架设计。该方案的缺点主要在稳定性方面：

- 重心后移，机身会产生不稳定的俯仰和偏航力矩。
- 垂尾力臂变小，需要增加垂尾面积。
- 需要考虑俯仰力矩平衡问题，后翼很难采用高升力装置设计。
- 动力系统前置时，前拉螺旋桨延缓了鸭翼上的流动分离，但达到失速攻角时，鸭翼的流动分离会导致飞机抬头，飞机进入不稳定状态。
- 降低鸭翼的展弦比 AR_1 会增加其失速攻角 α_{s_1}，但同样会增加失稳的风险。
- 重心配置范围很小，通常需要机翼后掠来配平，但后掠会降低低亚声速时的气动性能。

当然，在现在自动控制系统加持下，飞机是可以设计成静不稳定的，如喷气式战斗机。

对于典型的串置翼布局飞机而言，翼展比 b_2/b_1 以及翼面积比超过 1.05～1.3 时必须考虑上述约束，这也是合理设计时应考虑的因素。

因此，不考虑鸭翼布局以及前翼展长（面积）大于后翼的串置翼布局，翼展比的影响可以概括如下：

1）前后翼弦长相同时，增加翼展比（后翼翼展/前翼翼展）b_2/b_1 即增加了后翼产生升力在总升力中的比值，整机压心位置以及重心的后边界后移，升降舵舵效决定了整机重心的前边界，而舵效取决于升降舵的尺寸以及其在前翼/后翼上的位置。

2）增加翼展比 b_2/b_1 同样增加了后机翼产生上洗流的影响区，一方面，这导致整机压心后移，改善了翼间干扰，另一方面，即使后翼几何外形保持不变，也增加了弯曲力矩。

3）将全机焦点及变化范围后移的缺点是减小了垂尾力臂，出现机身失稳力矩，因此需要增加腹鳍或后翼翼梢小翼的面积。

4）随着翼展比 b_2/b_1 的增加，位于后翼上升降舵的舵效降低，增加到一定数值以后，需要将升降舵设计在前翼上，这一临界值 b_2/b_1 取决于翼展、上翼/下翼布局、翼型的形状和厚度。一般而言，由于气动干扰，升力及上洗/下洗流动非常复杂，很难对位于前翼上的升降舵舵效进行分析评估（2.2.9 节对某些情况进行了分析）。

文献 [6] 分析了翼展比对升阻比的影响。前后翼的翼型为 SD8040，$\Delta j = -2°$，翼弦长 $c_1 = c_2 = 0.15\ \mathrm{m}$，来流速度 $V = 25\ \mathrm{m/s}$ 时 $Re = 250\ 000$，翼间垂直距离 $h_0 = c_1$，水平距离 $l_{x0} = 5c$，前翼翼展 $b_1 = 10c_1$，后翼翼展可调 $b_2 = (1.0,\ 1.1,\ 1.2)b_1$（图 3－5）。

机身气动性能由风洞试验获得（见 2.4 节）。当然，增加展弦比必然导致更高的升阻比，即使对于单机翼也是如此，但固定展弦比 AR_1 和 AR_2 情况下进行变翼展比 b_2/b_1 的试验是矛盾的。

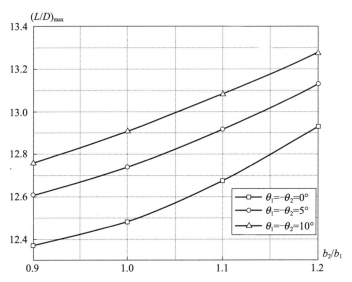

图 3-5　最大升阻比与翼展比之间的关系（后翼翼展可变）

图 3-6 和图 3-7 给出了不同翼展比下，试验获得的升阻比与升力系数之间的关系。布局 1-1 对应的翼展分别为 1.05 m 和 1.17 m。通过在翼尖引入插件可使翼展增加 0.4 m，前翼翼展的变化相对较大，后翼上更大的区域受上洗气流影响，翼间干扰得到改善，随后翼翼展的增加，后翼升阻比增加得更快（见图 2-2）。翼展增加后，前翼升阻比的增加量为 $\Delta(L/D)_{\max} = 0.4 \sim 0.7$，而对于后翼，$\Delta(L/D)_{\max} = 1.3 \sim 1.4$。需要注意的是，随着后翼翼展的增加，其最佳攻角 α_{opt} 及对应的升力系数 $C_{L\mathrm{opt}}$ 要小于前翼翼展增加时对应的最佳攻角 α_{opt} 及升力系数 $C_{L\mathrm{opt}}$，也就是说，鸭式布局更接近最优布局。对于常规布局，$C_{L\mathrm{opt}}$ 与展弦比的平方根成正比[3,P189]。

对于常规布局，增加展弦比会增加升力线斜率（图 3-8 中，由于未对布局 1-2 进行大攻角下的风洞试验，因此无法提供相关数据）。对于后翼而言这一效果更明显，这是因为其自身诱导的下洗气流以及相互诱导的下洗气流均随着后翼翼展的增加而减弱。

未观察到展弦比会对最大升力系数 $C_{L\max}$ 产生显著的影响，通常在中等展弦比（7～11）的机翼上比较明显，飞机质量不变的情况下，升力系数越大，失速速度下降。

试验时，边界层分离首先发生在后翼上，因此试验模型的失速攻角不随前翼展弦比的变化而变化，但随着后翼展弦比的增加而减小。对于实际飞行器而言，流动分离总是从前翼开始，因此失速攻角随着前翼展弦比的增加而降低，并且不随后翼展弦比的变化而变化。

分析结果表明，对于不同的翼展比，重心位置在合理范围内变化时，俯仰力矩的变化趋势完全一致（图 3-9），但重心位置并不完全相同。

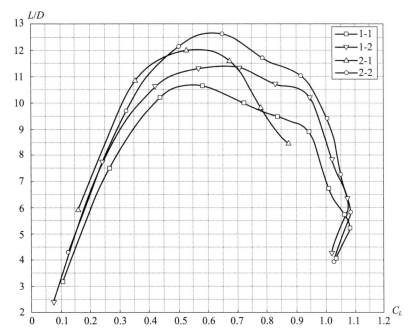

图 3-6　不同布局（翼展比）升阻比与升力系数之间的关系，$l_{x0}=390$ mm，$\theta_2=0°$

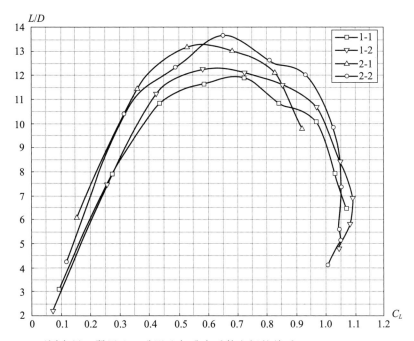

图 3-7　不同布局（翼展比）升阻比与升力系数之间的关系，$l_{x0}=590$ mm，$\theta_2=-9°$

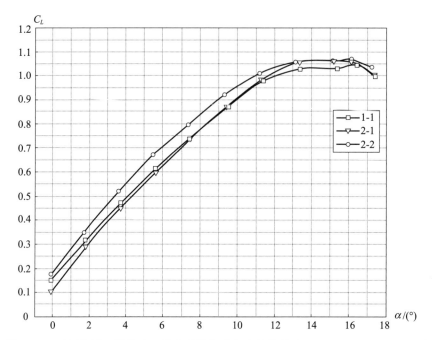

图 3-8　不同布局（翼展比）升力系数与攻角之间的关系，$l_{x0} = 590$ mm，$\theta_2 = 0°$

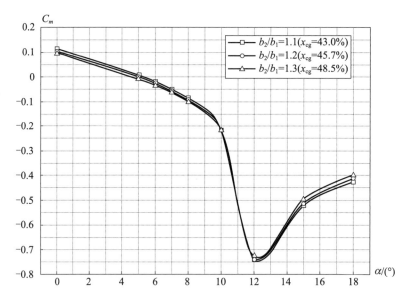

图 3-9　不同布局（翼展比）俯仰力矩系数与攻角之间的关系，$l_{x0} = 590$ mm，$\theta_2 = 0°$

3.3　翼型及安装角

串置翼布局飞行器的机翼翼型及安装角的选择取决于其设计使用用途。对于小型载人飞机（包括雷诺数相近的无人机）而言，为了提高升阻比，可采用高精度的层流翼型（如

Rutan Quickie），而对于作战用途的无人机，甚至可使用平板作为机翼一部分，如弹簧刀无人机。翼型的选择还和翼差角（即前翼与后翼安装角之差：$\Delta\varphi = \varphi_2 - \varphi_1$）相关。

本文提出的翼型选择算法，目的是基于选择评价标准从已有的翼型库中选取接近最优的参数合理的翼型。

对于串置翼及鸭翼布局而言，有研究建议前翼安装角较大[7,P34]，此时翼差角为负值（图 3 - 10），当达到失速攻角时，前翼首先发生流动分离，此时后翼继续提供升力和机头向下的力矩，飞机不会进入尾旋模式，而是进入俯冲状态并改出[1,P47]。这样的话，那么前翼可选择失速攻角较低的翼型或者在前翼翼根部位设计失速条（图 3 - 11），小攻角下，失速条对气动性能没有影响，但大攻角下会延缓流动分离。既然翼差角为负会导致阻力增加：前翼升力越大，后翼受到的下洗流越大，产生的诱导阻力也越大，那可以设置翼差角 $\Delta\varphi = 0$。

实际上，选择翼差角为负的主要原因是在巡航攻角下飞行器的纵向稳定性。

对于常规布局飞机而言，通常选用对称翼型（如 NACA0012）作为平尾翼型，因此设计师只需确定主机翼翼型。而对于串置翼布局，应该为前、后翼选取合适的翼型。翼差角为负时，巡航阶段前翼升力系数（～0.7）大于后翼（～0.4），因此前翼需采用更高弯度的翼型，以使得其在高升力时阻力最小（如根部升力系数约为 0.8）。后翼提供升力较低，弯度相对较小（图 3 - 12）。

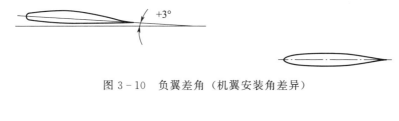

图 3 - 10　负翼差角（机翼安装角差异）

(a)　　　　　　　　　　　　　　　　　(b)

图 3 - 11　安装有失速条的机翼及 CFD 计算网格

尽管某些已成功的串置翼布局飞行器使用的翼型是公开的，但公开发表的文献中尚未发现关于机翼翼型及其安装角对气动性能（升力、阻力、纵向稳定性）影响的试验研究。

和传统布局一样，串置翼布局的翼型选取过程中升阻比和纵向稳定性指标之间也会发生冲突。为了获得较大的升阻比 $(L/D)_{\max}$ 和最大升力系数 $C_{L\max}$，翼型的弯度需要达到 3%～6%，但弯度越大，升力为零时的低头力矩系数 C_{m0} 越大，这意味着随着飞行速度的增加，攻角减小，前后翼的压心后移[8,P19]，为保持纵向平衡，升降舵需要较大的舵偏，导致阻力增加和升阻比下降。因此，翼型选择时不仅要考虑升力系数 $C_{L\max}$ 和低巡航阻力系

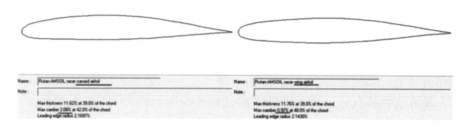

图 3-12　典型的前后翼翼型（基于 Profili 2.27 数据库）

数 C_D，还需要选择低俯仰力矩系数 $|C_{m0}|$。

从数学上看，压心与俯仰力矩系数之间的关系为：

$$C_m = C_{m0} + C_m^{C_L} C_L = C_L \bar{x}_p$$

其中，$\bar{x}_p$ 为压心相对质心坐标（图 3-13）

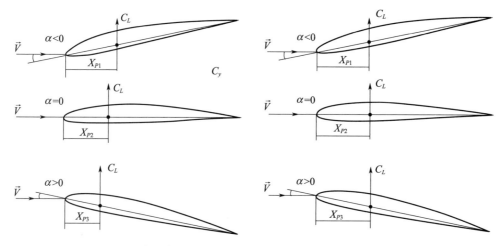

图 3-13　攻角增加时大多数翼型压心前移（左），对称翼型压心不变

除去升力系数后，可得

$$\frac{C_{m0}}{C_L} = \bar{x}_p - C_m^{C_L}$$

对 C_L 求导

$$-\frac{C_{m0}}{C_L^2} = \frac{\partial \bar{x}_p}{\partial C_L} \text{ 或者} \frac{C_{m0}}{C_L^2} = -\frac{\partial \bar{x}_p}{\partial C_L}$$

如果随着攻角及升力系数的增加，压心前移，则等式右侧为正，$C_{m0} > 0$，C_{m0} 越大，升力系数增加时压心位置移动的速度也就越大。

由于在二维研究中不存在翼尖涡，因此利用 ANSYS 对翼型参数及安装角[9]的影响进行二维仿真时（采用 $k-\omega$ SST 湍流模型），无法考虑前翼下洗气流的全部影响，但结果很能说明问题（图 3-14）。

从图中可以看出，在设计重心下，研究的三种配置纵向均是稳定的，巡航攻角下，C_m 随着攻角的增加而增加，大攻角时，流动分离首先发生在前翼上。

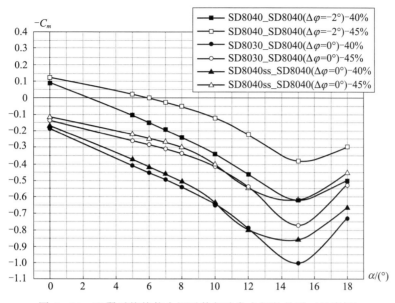

图 3-14　双翼系统俯仰力矩系数与攻角之间的关系（见彩插）

对于红色曲线代表的布局而言，原因是翼型 SD2030 的 α_{s1} 较低，对于蓝色曲线代表的布局而言，原因是安装失速条后翼型 SD8040 的 α_{s1} 较低。此外，前翼的附着涡也降低了后翼的实际攻角。但只有前后翼均采用 SD8040 翼型（黑色曲线）机翼翼差角为负的布局才能够在正攻角下配平（$C_m = 0$ 时 $\alpha > 0°$）。需要偏转升降舵以平衡低头力矩（$-C_m < 0$）：要么位于后翼的升降舵向上偏转（减少升力，增加后翼的失速攻角），要么位于前翼的升降舵向下偏转（增加升力，减小前翼的失速攻角）。实际上，巡航飞行时，前翼升降舵向下偏转可等效成弯度更大的机翼，其攻角更大（图 3-15），这比平滑翼型的阻力更大，最大升力更小。如果前翼升降舵不参与控制的话，则会降低控制系统的效率（一方面舵面面积较小，另一方面配平时需要较大的偏转角）、机动性，缩小了重心配置范围，并且由于升降舵需要偏转较大的舵偏角，从而增加了巡航阻力。

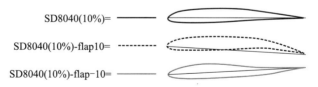

图 3-15　升降舵或控制面偏转时改变翼型的实际翼弦

为平衡抬头力矩（$-C_m > 0$），可通过位于后翼上的升降舵向下偏转来实现，这增加了升力，可能导致纵向不稳定（降低了尾翼的失速攻角 α_{s2}，低速时有进入尾旋的风险），但如果只在小攻角下才产生抬头力矩，则不会有失速的风险。

和其他两种布局相比，翼差角为负的布局升力和升阻比略小（图 3-16、图 3-17），但由于对称翼型和 S 型翼型升阻比和最大升力系数较低，因此对这两类翼型不予考虑。对于经典翼型而言，虽然翼差角为负时阻力增加、最大升力降低，但为确保重心变化时布局能够保持稳定，翼差角仍需设置为负值。

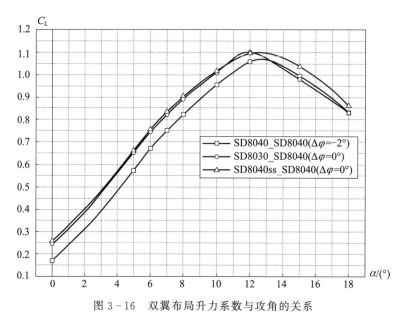

图 3-16　双翼布局升力系数与攻角的关系

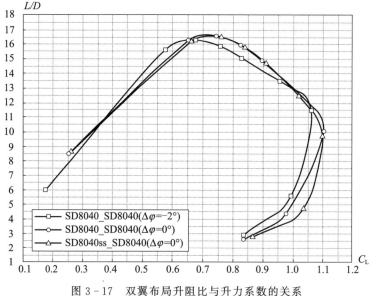

图 3-17　双翼布局升阻比与升力系数的关系

　　既然串置翼布局的翼型及安装角的选择比较明确，因此有可能设计一个简单的翼型选择算法。文献［10，P84］中提出了针对低雷诺数的选取方法，也同样适用于低亚声速和大型飞行器的场景，该方法基于翼型数据库，使用 XFOIL 计算单独翼型的性能参数。

　　针对串置翼布局翼型选择的气动特性需求包括：较高的最大升阻比及最大升力系数、C_{m0} 在合理取值范围内，软失速、巡航攻角范围内 $C_m(\alpha)$ 成近似线性关系（升力系数范围

为 $C_L = 0.3 \sim 0.8$）。

这里给出了针对巡航雷诺数为 250 000 的串置翼布局的翼型选择的算法示例。选取 Profili 2.27c（2.30）软件翼型数据来源，原因为：其内置超过 2000 种翼型数据，能够修改生成新的翼型并计算不同雷诺数下的气动特性，可基于同一坐标系比较不同翼型，并导入和输出翼型的几何数据。

需要注意的是，软件中抬头俯仰力矩为正，由于为二维情况，升力系数和阻力系数用 C_l、C_d 而非 C_L、C_D 表示。

3.4　翼型选择算法

严格来说，应该比较巡航雷诺数下的阻力系数 C_d，以及起飞和着陆阶段雷诺数下的最大升力系数 $C_{l\,max}$，但分析表明，这与有人驾驶飞机更相关，而对于雷诺数 $Re = (1.7 \sim 2.5) \times 10^5$ 的情况，$C_{l\,max}(\alpha)$ 和 $C_m(\alpha)$ 依赖关系可视作常数，而高雷诺数下，C_d 会显著下降。因此，这里只比较了 $Re = 250\,000$ 时的气动特性。

步骤一：基于专家决策，按厚度及弯度筛选翼型。相对厚度范围设置为 $8\% \sim 10\%$，这是因为相对厚度太小会引起强度问题，最大升力系数 $C_{l\,max}$ 较小（最小飞行速度较高），最大升力系数 $C_{l\,max}$ 的最大值在相对厚度 $9\% \sim 14\%$ 区间内取得，另一方面，相对厚度越大，阻力系数 C_d 越大，低雷诺数下其增长更快[11,P8;12,P54]。翼型的相对弯度设置为 $1\% \sim 4\%$，相对弯度越小，最大升力系数 $C_{l\,max}$ 较小（最小飞行速度较高），相对弯度越大其阻力越大，C_{m0} 越大，平衡损失越大。基于该算法可在本阶段进行自动选择，在 2 200 个翼型中只留下 291 个翼型（图 3 - 18）。

步骤二：排除升力系数 $C_l = 0.3 \sim 0.8$ 区间内力矩呈非线性关系、C_{m0} 过高（如 0.07）以及失速特性不可接受的翼型（程序中，α_s 快速变化是不合理的，通常情况下，翼型的快速失速并不意味着由该翼型生成的机翼具有相同的失速特征），如图 3 - 19 所示。力矩系数计算的参考点为弦线的 1/4 处。此时翼型 HQ 2,5−9,0 在 $\alpha_0 = -3°$ 时 $C_l = 0$，此时 $C_m = C_{m0} = -0.09$，而翼型 GIII BL430 的 $\alpha_0 = -1.5°$，$C_{m0} = -0.03$，因此翼型 GIII BL430 符合要求，而翼型 HQ 2,5−9,0 被排除。

为加快进度，由于直升机翼型、超临界层流翼型以及水力翼型在给定马赫数和雷诺数下阻力较高，可直接排除，此时只剩下 138 个翼型。

步骤三：根据翼型的最大升力系数 $C_{l\,max}$ 和极曲线进行筛选，以获得最大升阻比（或者巡航时的阻力系数 C_d，通常升力系数 $C_l = 0.4 \sim 0.6$）。如图 3 - 20 所示，翼型 HN - 417 和 MH32 的最大升力系数 $C_{l\,max}$ 并不比 SD2030 - 086 - 88 好，而 SD2030 - 086 - 88 升阻比 $(L/D)_{max}$ 最大，因此排除翼型 HN - 417 和 MH32。这里并没有和有的算法一样引入整体参数 $C_{l\,max}/C_{d\,min}$，原因是这可能会排除最大升力系数 $C_{l\,max}$ 较小但能够确保飞行安全或阻力系数 C_d 较低但能够提供最大续航时间的翼型。只有这两个参数都不占优的翼型才会从候选列表中删除，如果两个翼型比较时没有更优的翼型，则二者都保留。成对比较翼型时，可以按照任意的顺序选择翼型，也可按照冒泡排序的方法进行：将一个翼型依次和已选择的两个特性都占优的所有翼型进行比较（图 3 - 20 中，翼型 HN - 417 就是其中之一），此时只剩下 21 个翼型。可以将其分为三组：$C_{l\max}$ 和 C_d 值均较大，$C_{l\max}$ 和 C_d 值均较小，$C_{l\max}$ 和 C_d 值中等。进一步比较后，只剩下 Sikorsky SC2110、SD8040、S3021、SD2030 和 SD2030 - 086 - 88 五个翼型（图 3 - 21），此时最大升力系数 $C_{l\max}$ 较大对应较低的最大升阻比 $(L/D)_{\max}$，都需要保留。

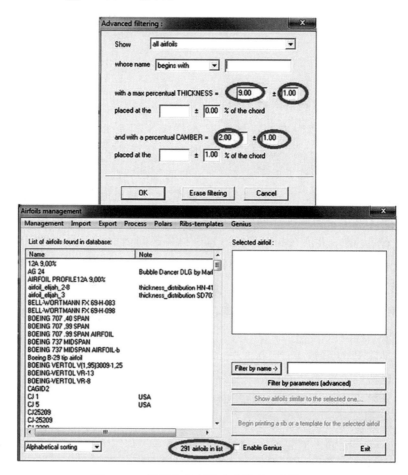

图 3 - 18　厚度和弯度筛选后翼型（步骤一）

步骤四：剩下的五个翼型均为较优候选项。基于飞行器的具体要求（最大续航能力，如特定升力系数下升阻比最大，或者最远航程，如参数 $\sqrt{C_L}/C_D$ 最大）进行选择。使用上述可表征飞行速度范围的指标参数 $C_{l\max}/C_{d\min}$ [13,P10]，可进一步缩短候选列表，排除该指标明显低于最佳值（至少 15%）的翼型（表 3 - 1），为了更准确地进行评估，程序利用表格对结果进行呈现，只剩下 3 个翼型：SD8040，S3021 和 SD2030。实践表明，在这一阶段，处于表格开始或末尾的翼型都会被排除。

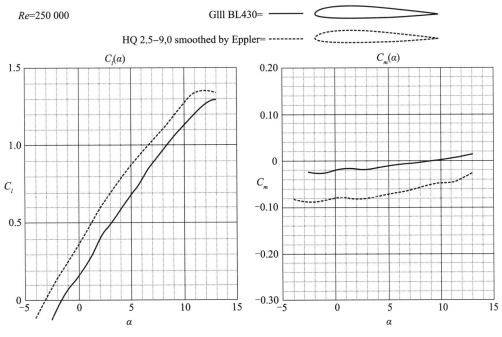

图 3 - 19 力矩特性筛选之后翼型（步骤二）

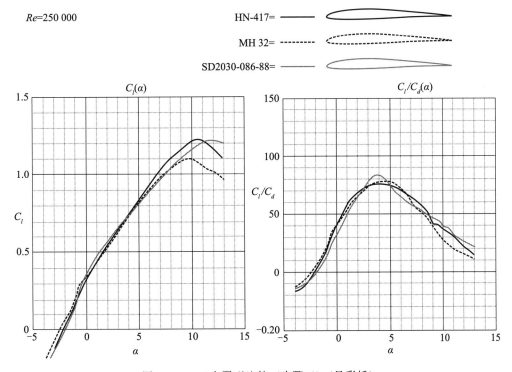

图 3 - 20 三个翼型比较（步骤三）（见彩插）

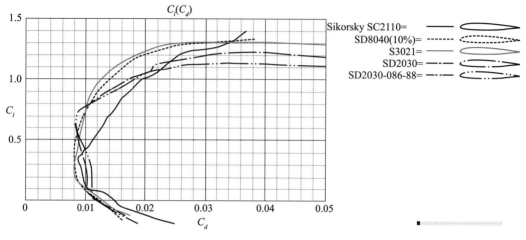

图 3-21　步骤三之后翼型极曲线

表 3-1　步骤三之后剩余翼型的气动特性

翼型	$(L/D)_{max}$	$C_{l\,max}$	$C_{l\,max}/C_{d\,min}$
Sikorsky SC2110	53	1.4	141.1
SD8040	75	1.35	170.9
S3021	81	1.31	165.8
SD2030	83	1.23	148.2
SD2030-086-88	84	1.15	136.9

　　步骤四之后剩余翼型的几何参数范围相当有限：最大厚度相对位置、最大相对弯度及其位置（表 3-2）。对于工作雷诺数 $Re \sim 250\,000$ 的翼型而言，这个范围具有较好的优化前景，可能设计出更好的翼型。

表 3-2　步骤四之后剩余翼型几何参数

翼型	相对厚度 $\bar{t}$/%	最大厚度相对位置 $\bar{x}_t$/%	弯度/%	最大弯度相对位置/%
SD8040	10.0	29.3	2.65	39.5
S3021	9.47	29.9	2.95	40.2
SD2030	8.56	35.2	2.25	45.7

　　至此，候选翼型减少到三个，均具有较好的气动特性，在大攻角变化范围内压心在有限的范围内移动。

　　针对结果进行分析，在设定的工作雷诺数及（基于专家意见）设定的相对厚度 $\bar{t}=$ 8.56%～10.0% 情况下，高性能翼型参数范围较窄：其具有相似的厚度分布 $\bar{x}_t=$ 29.3%～35.2%，中线参数 $\bar{f}=$ 2.25%～2.95%，$\bar{x}_f=$ 39.5%～45.7%。在设定的低雷诺数下，上述参数确定的翼型具有较好的气动性能和飞行特性。当然，如果将工作雷诺数改变 20%（如改变巡航速度或机翼弦长），那么利用该算法将获得不同的结果。

　　利用上述算法对翼型库进行筛选，可从 2 200 个选项中挑选出 3～5 个符合要求的候选翼型。考虑到整个空气动力学发展过程中出现了大量翼型，算法选择的翼型性能将非常接近最佳性能。

　　利用所开发的方法进行新翼型的设计（图 3-22），并申请 No75557 "飞机升力面翼型" 实用新型专利[14]。图 3-23、图 3-24 为利用不同软件计算的不同翼型（相对厚度均为 12％）的升阻比及最大升力系数的比较，最大升阻比基本相同，但在其他攻角下，新方法设计的翼型升阻比更高，最大升力系数也略高，从而降低了飞机的最小飞行速度。

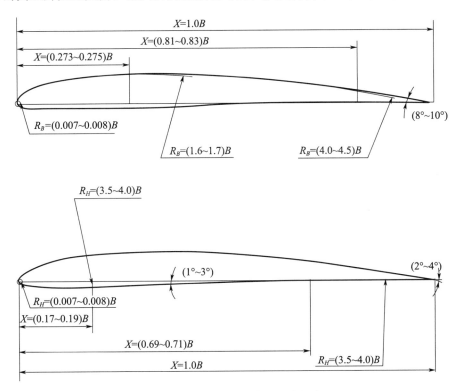

图 3-22　设计翼型几何参数（弦长为 B）

　　更先进的翼型选择方法是考虑翼间干扰，并将计算的气动特性集成进电子表格（第 2 章，图 2-28）以评估整个飞机的气动特性。

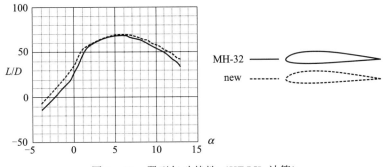

图 3-23　翼型气动特性（XFOIL 计算）

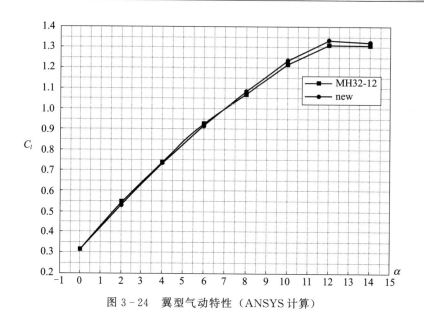

图 3 - 24　翼型气动特性（ANSYS 计算）

　　基于 2.2.6 节中的公式可确定飞机焦点的位置（通常限制了整机重心配置的后端极限位置）以及不同重心下的俯仰力矩。

　　为确定重心的前向极限位置，需要掌握升降舵舵效，近似计算时，可采用传统的估算方法，即只考虑水平尾翼的升力变化[15,P368]。2.2.9 节和 2.5 节给出了分别采用理论分析与数值方法得到的前后翼升降舵舵效，其中考虑了单独机翼的俯仰力矩系数变化以及翼间干扰影响。

　　一般来说，确定了无人机翼型之后，在初步选定重心位置（最佳重心位置）的情况下，推荐翼差角的选取应使得无人机在巡航状态（或设计速度）不需要升降舵偏转即可配平。对于有人驾驶飞机而言，为安全起见，重心应选取后端极限位置，重心前移时，前翼升降舵向下偏转，增加了升力，提升了飞行安全性（减小了前翼的失速攻角）。

　　确定翼型和翼差角后，需要进一步确定前后翼相对机身的安装角（二者之差即为翼差角）。飞机用途不同，其有着不同的选择。对于大多数有人驾驶飞机来说，安装角度选择 $\varphi = 1°\sim4°$，以在巡航飞行时提供较舒适的俯仰角。对于无人机而言，为了减少翼间干扰，其以较大的攻角和俯仰角长时间飞行是有益的，尽管这样增加了机身阻力系数。然而由于串置翼布局机翼的垂直方向间距，机身形状比较奇特，如 Pterosaur 无人机和 Eraole 飞机，其机身水平方向的定义还有争议（图 1 - 27、图 1 - 28）。BlackFly 飞机在飞行过程中俯仰角变化区间较大，飞行员姿势可坐着也可躺下[16]。对于包括串置翼布局在内的大多数飞机而言，其航程要小得多，φ_1 和 φ_2 的选取准则是飞行器能够以最佳巡航状态飞行，同时预防在整个飞行攻角和速度范围内进入气动影响区域（图 3 - 4）。

3.5　翼间水平距离与垂直距离影响

　　对于串置翼布局而言，翼间垂直方向距离（翼盒高度）的增加都会提高其升阻比。但考虑到机身-机翼之间的干扰，很难在机身存在的情况下设计研究机翼之间干扰的实验。因此，这里只给出了解析—数值方法的计算结果，利用 ANSYS 进行三维计算的结果在后续章节介绍。

试验中，将机身绕横轴适当旋转可将翼盒高度从 0.07 增加至 0.14，图 3-25 给出了后翼安装角不同时整体的气动特性变化。

可以看出，增加翼盒高度可以提高升阻比，但提升幅度小于安装角改变 9° 的影响。在机身结构允许范围内增加翼间垂直距离能够增加升力系数，同时降低阻力系数（图 3-26、图 3-27）。

研究翼间水平与垂直方向距离对最大升力系数 $C_{L\max}$ 的影响时，需要考虑布局中前翼安装角较大（翼差角为负）的实际情况，流动分离从前翼开始，对于典型的布局，后翼对前翼影响可以忽略。因此，失速攻角 α_s 由前翼参数确定，并不取决于翼盒高度、翼间水平距离等因素。相同攻角 α_s 下，翼间垂直距离更大时，后翼产生的升力也更大（此时前翼的下洗气流影响较小）。因此随着垂直距离的增加，最大升力系数 $C_{L\max}$ 略有增加，可通过升力线斜率 a 的变化来评估，也可通过 $C_L(\alpha)$ 的线性部分外推至 α_s 来评估。

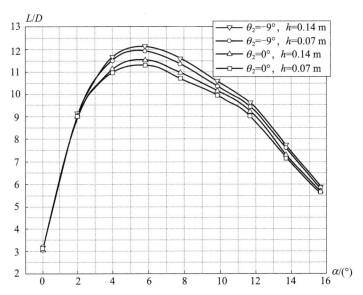

图 3-25　翼间垂直距离对升阻比的影响（构型 1-1，590 mm）

分别利用理论分析和试验方法对翼间水平距离的影响进行了研究。

基于马蹄涡理论，Munk 定理认为增加翼间水平距离不会影响整机的气动特性。实际涡流会向对称面收缩且前后翼翼尖涡相互排斥，涡流形状更复杂，一般情况下很难考虑这些影响，因此对于常规飞机，通常忽略这些因素。

然而，试验表明（2.4 节），当翼间水平距离从 390 mm 增加到 590 mm 时，基本布局 (1-1) 的升阻比增加量为 $\Delta(L/D)_{\max(\Delta l_{x0}=0.91)} = +0.3 \sim 0.6$，略高于预测值（$+0.2 \sim 0.25$）。

翼间水平距离 l_{x0} 对升阻比的影响表现为：随着攻角的增加，翼间竖直距离增加，且

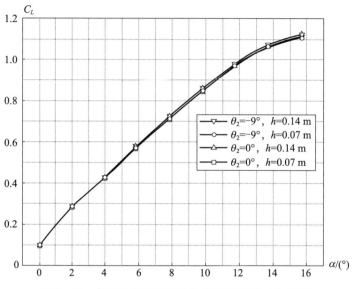

图 3 - 26　翼间垂直距离对升力系数的影响（见彩插）

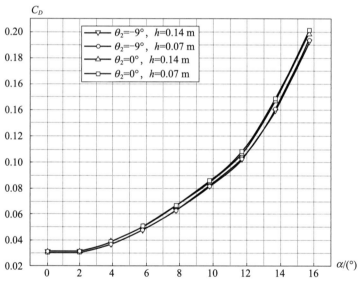

图 3 - 27　翼间垂直距离对阻力系数的影响

水平距离越大，增加速度越快［式（2 - 7）］，从而减小了下洗气流和翼间干扰。小攻角下（$\alpha \approx 3°$，$C_L \approx 0.4$），当无人机模型的水平距离分别为 390 mm、490 mm 和 590 mm 时，其升阻比近似为常数（图 3 - 28、图 3 - 29），符合 Munk 定理。

　　攻角较大（$\alpha \approx 8°$，$C_L \approx 0.75$）时，翼间水平距离从 390 mm 增加到 590 mm，升阻比变化为 $\Delta(L/D) \approx 0.7$（分别为 9.8 和 10.5）。$\theta_2 = -9°$ 时翼间水平距离的增加带来的升阻比变化要高于 $\theta_2 = 0°$：$\Delta(L/D)_{max}$ 分别为 0.6 和 0.3。解释如下：

　　水平距离的增加对升力系数的影响并不明显（图 3 - 30、图 3 - 31）：C_{L0} 的微小差异可

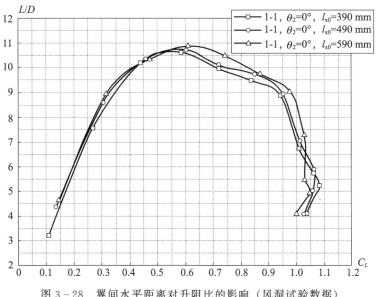

图 3-28　翼间水平距离对升阻比的影响（风洞试验数据）

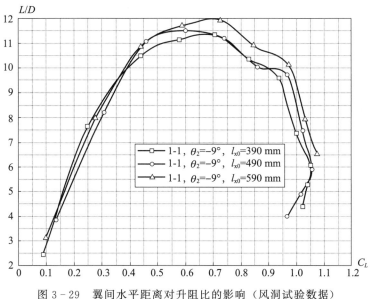

图 3-29　翼间水平距离对升阻比的影响（风洞试验数据）

能是由于机翼角度误差引起的。$\theta_2 = 0°$ 时，$C_{L\,max}$ 略微下降，而 $\theta_2 = -9°$ 时，$C_{L\,max}$ 略微增加，而升力线斜率 a 的变化并没有明显的规律。

对于前翼翼展不变（1-2 构型）和增加（2-2 构型）两种情形，增加后翼翼展，结果很有趣。在前翼几何参数不变的情况下后翼保持较大的弯度不切实际，但对于分析很重要。

$\theta_2 = 0°$ 时，升阻比大致相同，$\Delta(L/D)_{max} \approx 0$（图 3-32、图 3-33），和构型 1-1 相比，后翼弯度更高，虽然翼间水平距离不同（390 mm 和 590 mm），且均靠近前翼翼尖

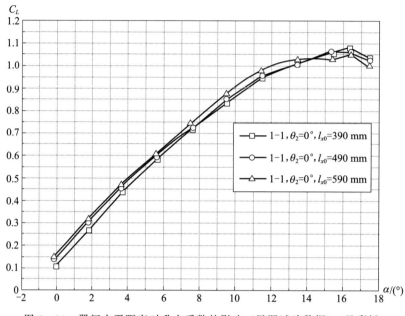

图 3 - 30　翼间水平距离对升力系数的影响（风洞试验数据）（见彩插）

涡，处于湍流流场中。

$\theta_2 = -9°$ 时，翼间水平距离从 390 mm 增加到 590 mm 时，气动特性显著改善：$\Delta(L/D)_{max} \geqslant 1.0$（图 3 - 34、图 3 - 35），此时，前翼迹线及翼尖涡并不对后翼产生影响，且根据毕奥-萨伐尔定理，涡流影响与距离平方成正比，翼间垂直距离的增加减小了下洗流的影响。提出的方法目的是保证几何参数在合理范围。

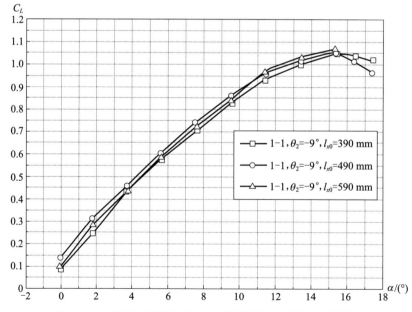

图 3 - 31　翼间水平距离对升力系数的影响（风洞试验数据）

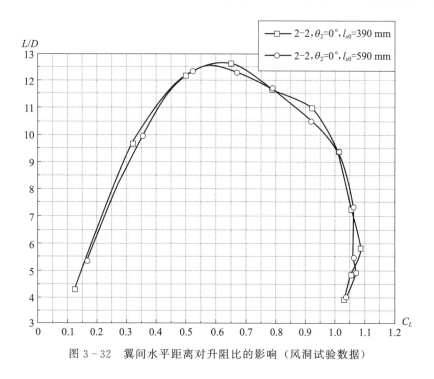

图 3-32　翼间水平距离对升阻比的影响（风洞试验数据）

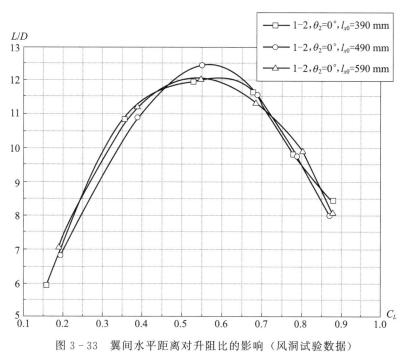

图 3-33　翼间水平距离对升阻比的影响（风洞试验数据）

　　由于翼间水平距离的增加会引起大攻角下翼间垂直距离的增加，其对升力的影响与翼盒高度类似：失速攻角不变，最大升力系数略有增加（翼差角为负，流动分离首先从前翼开始）或不变（翼差角为正，流动分离发生在后翼翼根部位，不受干扰影响）。然而，即

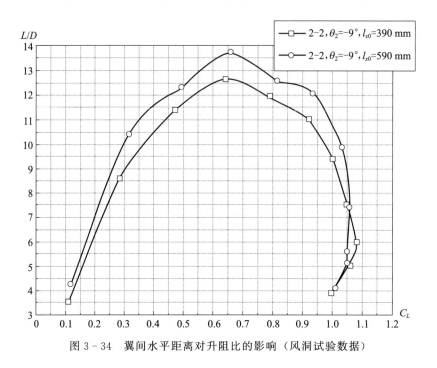

图 3 - 34　翼间水平距离对升阻比的影响（风洞试验数据）

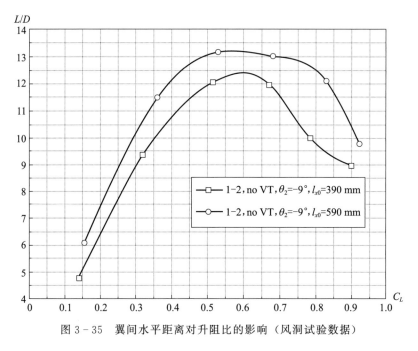

图 3 - 35　翼间水平距离对升阻比的影响（风洞试验数据）

使翼差角为负且前翼翼尖涡很强，翼间水平距离的变化导致最大升力系数的变化也在±0.02 范围内（图 3 - 36）。

前翼翼展稍大的情况下（构型 2 - 1），其影响相反：虽然在多数攻角下，翼间水平距离增加时升阻比略微增加，但在 $\theta_2 = 0°$ 时，翼间水平距离增加时最大升阻比增量

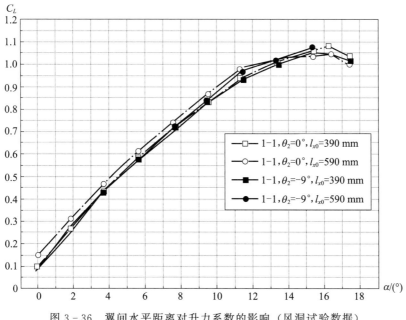

图 3-36　翼间水平距离对升力系数的影响（风洞试验数据）

$\Delta (L/D)_{\max} \approx 1.0$，而 $\theta_2 = -9°$ 时，$\Delta (L/D)_{\max} \approx 0$（图 3-37、图 3-38）。

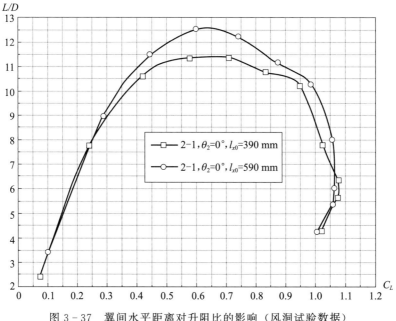

图 3-37　翼间水平距离对升阻比的影响（风洞试验数据）

这一现象需要考虑实际模型的几何形状，并考虑外形变化的影响（图 3-39）。由于前翼翼尖涡位于后翼翼展之外，即后翼并不在前翼翼尖涡的涡核区域，因此当翼间水平距离及机翼上反角变化时，下洗气流影响随着距离的增加而减小，这在 $\theta_2 = 0°$ 时表现更为明显。

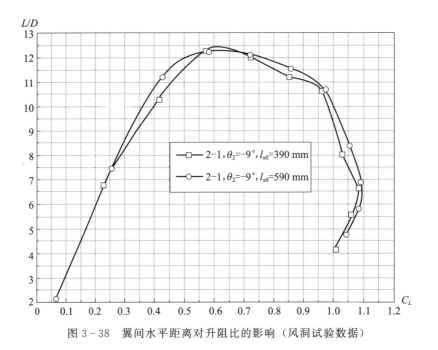

图 3-38　翼间水平距离对升阻比的影响（风洞试验数据）

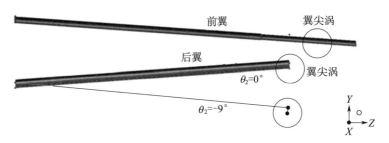

图 3-39　机翼弯曲/不弯曲前视图（构型 2-1，$l_{x0} = 590$ mm，$\theta_2 = 0°/-9°$，$\alpha = 5.8°$）

　　尽管前翼翼展更大的方案不合理，但构型 2-1 所展现的效果还是具有参考意义。如果上述分析解释是正确的，那么对于后翼翼展较大的布局而言其翼尖涡也更远，也会有相应的影响。很明显，随着涡流与机翼间距离的增加，下洗气流也趋于零。

　　对于机翼间水平距离以及翼盒高度的影响主要是结构性的：受机身重量和阻力的限制，机身高度和长度是不能无限增加的。一般而言，翼间水平距离最好在 3.5～5.5 倍弦长，翼盒高度可和弦长相当，需要提高最大升阻比时（不适用于一次性作战无人机），可采用 S 型机身（图 1-18）。

　　以下三种情况下，上述试验数据及分析需要慎重考虑：

　　1）前翼下反（如 $\theta_1 = -4°$）会使得翼尖涡更靠近后翼，设计时应避免这种情况；

　　2）计算升阻比的误差（标准差）为 0.3，这与不同构型之间测量差接近，但是对于后翼翼展较大的构型（1-1，1-2，2-1）而言，其变化趋势毫无疑问是一致的。

　　3）翼差角为正（$\Delta\varphi = +4°$）时与大多数实际布局（翼差角为负，$\Delta\varphi = -1°～-3°$）不同。此时，前翼涡流比后翼强度更大，下洗气流也更强，最大升阻比更低，比如，对于构型 1-1，升阻比为 12，而不是 10。前翼涡流增强将使得后翼涡流更加扭曲。

当然，有其他手段来改善气动性能：前翼的上反角设置为正而非负值（考虑弯曲，选为 $10°\sim15°$），由于雷诺数通常较小，机翼相对厚度从 12% 降至 $9\%\sim10\%$。除了折叠设计外，机翼-机身的连接部位应进行改善，选用阻力更小的流线型机身。这种构型还需要深入的实验研究。

3.6 机翼上反角

分别采用解析法、数值手段（ANSYS 3D）和试验手段（AT-1 风洞）对机翼上反角的影响进行了研究。

文献 [17] 对于翼尖垂直距离给出了理论分析和建议，但尚未有定量评估。

前翼/后翼上反角的变化不同于翼间垂直方向距离。上反角的变化不仅增加了前翼自由涡与后翼平面间的距离 h，而且改变了涡在平面上的投影 z 的位置（见图 2-12～图 2-14）。

这些差异对气动特性的影响可从图 3-26、图 3-27 中看出来。后翼上反减小了机翼所受下洗流影响，但根据余弦定理，其在垂直方向上的升力分量也减小了，二者相互影响，因此实际上 $C_L(\alpha)$ 保持不变（这与增加翼盒高度形成对比）。

然而，上反角 $\theta_2 = -9°$ 显著降低了阻力。首先，如上所述，升力系数降低使得诱导阻力也随之降低，即使对于单翼也成立。其次，前翼的影响不仅体现在降低涡的影响，而且改变涡在对称平面上的投影，因此后翼受上洗气流影响区域更大。因此，阻力减小、升阻比增加比翼盒高度增加时的影响更明显（根据分析，分别增加了 0.5 和 0.2）。

试验过程中，出于设计上的考虑，后翼上反角为变量（$\theta_2 = 0°$，$-5°$，$-9°$），连接模型和风洞的悬架机构设计在前翼上。上反角为负（也称下反角）的一个不利影响是恶化了飞行器的滚转稳定性（滚转静稳定系数 C_l^β 增加）。前翼上反角为正（$\theta_1 > 0$）可以提高飞机升阻比并增加滚转稳定性。因此，建立前后翼上反角之间的对应关系是非常有意义的。

分析表明，一般情况下，在给定 θ_2 时，不可能同时确定 θ_1，使得前翼涡与后翼距离 h 和该涡在尾翼平面上的投影 y 同时满足要求。详细的数学推导可参考 [10，P63]，表 3-3 给出了风洞试验模型的参数。

表 3-3　前后翼等效上反角

$\theta_2/(°)$	0	-3.0	-5.0	-7.0	-9.0
θ_1 by $\Delta h/(°)$	0	3.0	5.0	6.9	8.9
θ_1 by $\Delta y/(°)$	0	7.4	10.1	12.5	14.8

确定洗流角度需要掌握距离 h 与投影坐标 y，但当前翼偏转时，无法获得与后翼偏转时所观察到的涡流场相同的流场图像。这意味着前后翼上反角之间没有绝对的对应关系，必须通过上述解析、数值或试验方法才能确定任何机翼的上反角对串置翼布局气动特性的影响。

针对 $\Delta\varphi = -2°$ 的完全刚性模型，利用解析方法得到了在三个翼展比条件下升阻比与上反角之间的关系[6]。机身升阻力系数由风洞试验获得，当翼展增加时重新计算结果以体现翼展的变化影响。利用 ANSYS（Menter 湍流模型，三种网格分布，图 3 - 40）计算了翼展比 $b_2/b_1 = 1.2$ 的机翼系统的气动特性，并考虑了机身的气动特性（图 3 - 41）。

　　从数值上看，非结构化网格预测的升阻比最低，其次为结构化网格，基于压力梯度自适应的结构网格预测升阻比最高，直到上反角 $|\theta| = 10°$，解析法与 CFD 给出的升阻比与上反角之间的预测结果都比较相近，$\Delta(L/D)_{\max} = 0.35$ 及 $\Delta(L/D)_{\max} = 0.38 \sim 0.42$（取决于计算网格）。

　　数值计算表明，最大升阻比在上反角 $|\theta| = 10° \sim 15°$ 区间内取最大值，而解析法显示最大升阻比会随着上反角增加而增大，一直持续到 $|\theta| = 20°$，但是 $|\theta| = 15°$ 之后增加量可忽略：$\Delta(L/D)_{\max} \approx 0.05$。

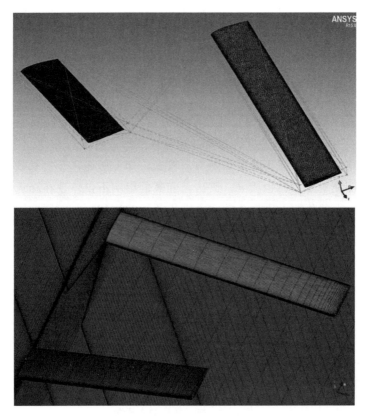

图 3 - 40　ICEM CFD 对串置翼进行非结构网格（上）与结构网格（下）划分（ANSYS）

　　从升阻比变化曲线可以看出，上反角高达 $10°$（对于传统布局飞机是很高的值）的情况下，无论采用何种计算网格，解析法和数值方法得到的升阻比变化量都高度收敛。不过，应该考虑升力系数（图 3 - 42、图 3 - 43）的变化。非结构网格高估了 $C_{L\max}$（从 1.1 到 1.3）和 α_s（从 $\sim 13°$ 到 $\sim 17°$），升力线斜率 a 随着 θ_1 和 $|\theta_2|$ 的增加而下降；但对于结构网格，$|\theta|$ 增加到 $10°$ 之前，升力线斜率略微增加，$|\theta|$ 继续增加到 $15°$ 时降到原值，$|\theta|$ 继续增加到 $20°$ 显著减小。

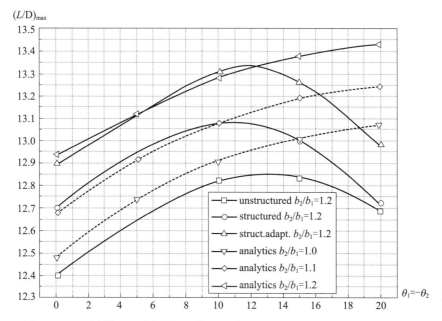

图 3 - 41 不同翼展下最大升阻比与上反角之间的关系（解析法与 CFD 方法）

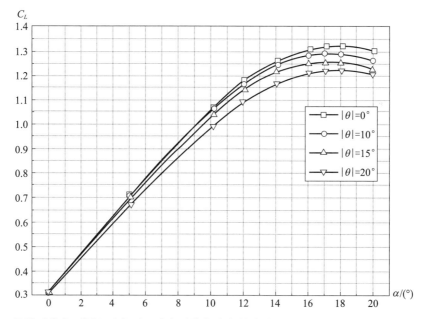

图 3 - 42 机翼系统在不同上反角下，升力系数与攻角的关系（ANSYS 3D，非结构网格）（见彩插）

上反角在 0°~15° 变化时，结构网格计算的最大升力系数 $C_{L\,max}$ 不随上反角的变化而变化，非结构网格计算的最大升力系数降低了 0.06，非结构网格低估了翼间干扰的影响，导致不切实际的翼尖涡的快速衰减。

进一步还需要基于风洞标模，研究 CFD 计算结果（结构网格）与风洞试验结果之间的关系。

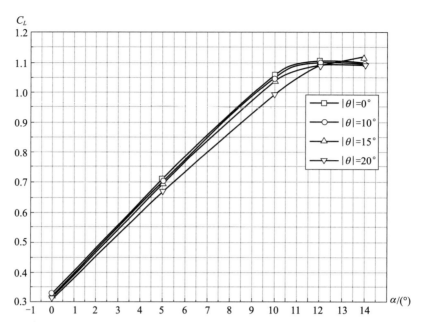

图 3-43　机翼系统在不同上反角下，升力系数与攻角的关系（ANSYS 3D，结构网格与自适应网格）

图 3-44、图 3-45 为升阻比的风洞试验结果。和风洞试验数据相比，解析法预测的升阻比变化量偏低：解析法得到的 $\Delta(L/D)_{\max(\Delta\theta_2=-9)} = +0.2 \sim 0.6$，而风洞试验数据为 $\Delta(L/D)_{\max(\Delta\theta_2=-9)} = +0.7 \sim 1.0$。 当然，风洞试验模型的翼尖涡较接近，试验模型并不能代表串置翼无人机的实际情况，试验值 $\Delta(L/D)_{\max(\Delta\theta_2=-9)}$ 较大可解释为：后翼未受前翼湍流尾迹及其翼尖涡的黏性涡核影响。

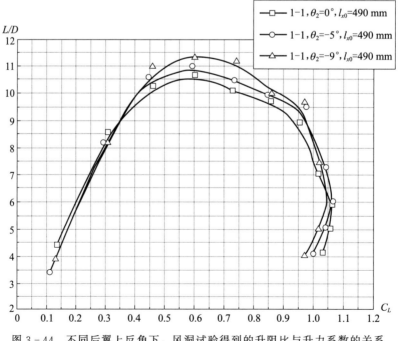

图 3-44　不同后翼上反角下，风洞试验得到的升阻比与升力系数的关系

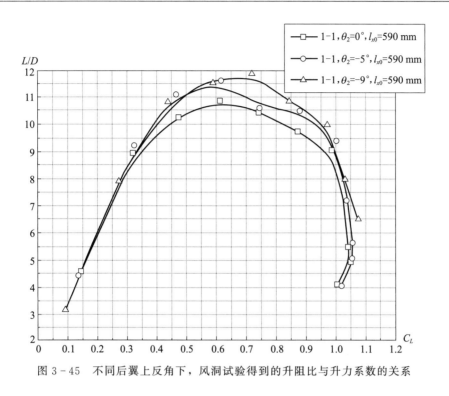

图 3 - 45　不同后翼上反角下，风洞试验得到的升阻比与升力系数的关系

　　图 3 - 46、图 3 - 47 为升力系数变化情况，θ_2 变化时，升力系数略有不同，C_{L0} 越小，$C_{L\,max}$ 越大，这可能是由于机翼安装角 φ_2 的误差所致。φ_2 较小时，随着 $|\theta_2|$ 增大，零度攻角下升力系数减小，最大升力系数增加，这是由于当后翼到达失速攻角时，前翼处于较大的攻角下，产生的升力系数 C_{L1} 更大。

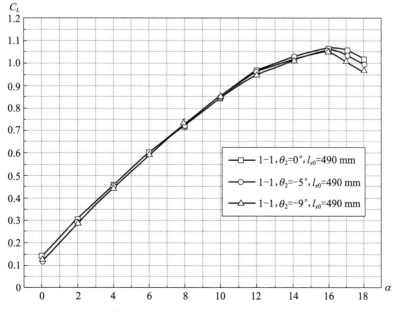

图 3 - 46　不同后翼上反角下，风洞试验得到的升力系数与攻角的关系

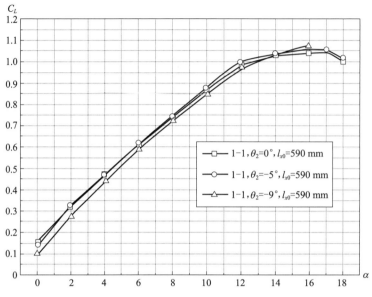

图 3-47　不同后翼上反角下，风洞试验得到的升力系数与攻角的关系

需要注意的是，对于实际飞行器而言，翼差角为负时，流动分离开始于前翼，失速攻角 α_s 由其几何参数决定，φ_2 较小时，攻角 α_s 下，C_{L2} 和总的最大升力系数 $C_{L\,max}$ 均较小。这也是需要使得翼差角 $\Delta\varphi$ 不大于巡航飞行时保持平衡所需最小值的原因之一。

如图 3-48 所示，不同 θ_2 下阻力系数 $C_D(\alpha)$ 的变化表明，诱导阻力以及翼间干扰随着 θ_2 增加而减小。$\theta_2 = -5°$、$-9°$ 时最小阻力大于 $\theta_2 = 0°$ 时，可能是由于上反角安装误差或者测量误差导致。随着攻角和升力系数（诱导阻力与升力的平方成正比）的增加，$\theta_2 = -5°$ 时阻力系数小于 $\theta_2 = 0°$，且 $\theta_2 = -9°$ 时阻力系数最小。

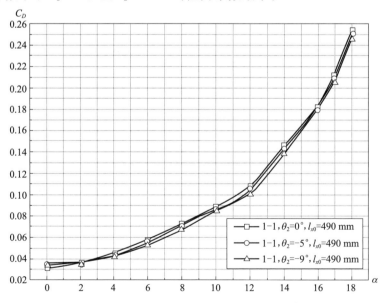

图 3-48　不同后翼上反角下，风洞试验得到的阻力系数与攻角的关系

分析评估了上反角对重心设置范围的影响，最佳重心位置意味着巡航状态下配平产生的损失为零，因此，x_{cg} 的选取应使得 $C_m = 0$ 时升阻比取最大值，即 $L/D = (L/D)_{max}$，根据表 3-4，这里选取 $C_L = 0.65$。当然，为了增加安全性，配平攻角 α_{bal}（即 $\delta_{elev} = 0°$ 时 $C_m = 0$）的选取应使得飞机以介于最大速度和最小安全速度之间飞行，但其选取原则是一致的。

表 3-4　不同上反角下的最佳重心位置

$\theta_1 = -\theta_2/(°)$	0	5	10	15	20
$\overline{x}_{cg\,opt}$	0.460	0.467	0.472	0.477	0.481

对于小型无人机而言，如果其机翼之间水平方向（纵向）间距在 500 mm 量级，则机翼焦点 1% 的距离意味着精度为 5 mm，实际工程中是非常容易实现的。

根据本节以及表 2-10 的数据，利用前后翼机翼上反来消除翼尖涡是在不显著改变升力、机身及整机重量的前提下提高最大升阻比的有效手段。可以肯定地说，升阻比会一直增加直至上反角增加到 10°，当上反角大于 10° 或 15° 时，升阻比和最大升力系数会逐渐减小。

滚转稳定性是确定上反角的一个重要因素，其随着下反角的增加（上反角为负值）而降低，因此，如果采用前上翼的布局，可采用前上翼上反、后下翼下反的布局，且 $\theta_1 \geqslant |\theta_2|$。

其他针对串置翼布局的研究中，还出现了上反-下反相结合的"X形串置翼飞机"的概念[18]。

3.7　前后翼翼尖装置

翼梢小翼（也称鲨鳍小翼、翼尖装置等）可以降低阻力几个百分点[19]，因此其在传统飞机气动布局（图 3-49）中很受欢迎，但对于串置翼布局而言，由于其使用限制，应用并不是那么广泛。

图 3-49　翼梢小翼对翼尖涡的作用

对于传统气动布局，翼梢小翼的引入增加了寄生阻力（由于具有厚度，因此受到摩擦阻力和压差阻力），并增加了机翼的弯矩（翼尖部分产生更大的升力），因此增加了机翼的结构重量，同时由于翼梢小翼本身具有一定的重量，因此降低了颤振的临界速度（再次需要增加重量以增加刚性）。如果翼梢小翼带来的诱导阻力的减小超过上述不利因素，则将是有效的。当出现侧滑时，翼梢小翼在垂直方向的投影会产生滚转力矩，因此其对横向稳定性也有一定的影响。翼梢小翼对航向稳定性的影响较小，这是由于其产生的侧向力对于重心的水平力臂相对于翼展非常小。

对于串置翼布局飞机而言，由于翼梢小翼沿机身水平参考线方向与重心距离很明显，因此翼梢小翼位于后翼（类似于垂尾）时会产生稳定偏航力矩，位于前翼时会产生不稳定的偏航力矩。另一方面，位于前翼的翼梢小翼减小了其翼尖涡的强度，减小了其诱导阻力及其对后翼的负面影响，如相互诱导阻力。表3-5总结了翼梢小翼对串置翼布局气动特性的定性影响。

表 3 - 5　　翼梢小翼对串置翼布局气动特性的影响

翼梢小翼	位于前翼	位于后翼
对气动特性的影响	增加机翼阻力 降低前翼诱导阻力 降低方向稳定性 减小翼间不利干扰	增加机翼阻力 降低后翼诱导阻力 增加方向稳定性

因此，参考已有针对翼梢小翼的设计建议[20,21]，在本研究中，降低前翼翼梢小翼的面积，增加后掠角（相对于传统布局），以减小偏航不稳定力矩（图3-50）。

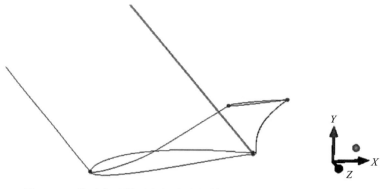

图 3 - 50　针对串置翼无人机设计的翼梢小翼（Oleh Voitiuk 设计）

采用 ANSYS 软件进行相关研究[22]。

针对仿真模型，生成非结构四面体单元网格，利用棱柱单元对边界层进行模拟（图3-51）。机翼弦长为 110 mm，生成网格时，翼面网格最大尺寸为 10 mm，翼梢小翼为5 mm，前缘边线性单元长度为 1 mm，后缘边为 3 mm。棱柱层高度设置为 4 mm，与后缘边界层厚度相当。选择基于压力求解器，Menter 湍流模型（默认设置）以及标准大气模型。这一设置并不能保证能够精确求解阻力，但可以比较其趋势。选取机翼面积之和作

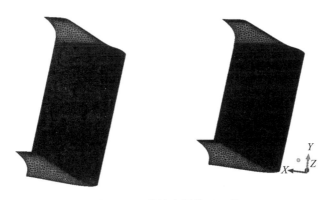

图 3-51 翼梢小翼模型网格

为参考面积，俯仰力矩选取弦长之和为参考长度，滚转和偏航力矩选取平均翼展为参考长度。

计算了串置翼（图 3-52、图 3-53）和单独机翼（图 3-54）的气动特性。

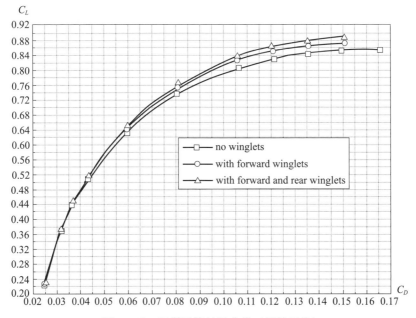

图 3-52 双翼系统的极曲线（原始网格）

从极曲线可以看出，前翼安装翼梢小翼可提高前翼升阻比和最大升力，但后翼的气动特性几乎不变，即根据该方法，没有迹象表明翼梢小翼对于相互诱导阻力即翼间干扰会产生影响。

正如预期的那样，后翼安装翼梢小翼只对后翼的气动特性产生影响，同时，后翼和双翼系统的升阻比和最大升力系数的增量均小于前翼翼梢小翼带来的增加。这可能是由于前翼展弦比较小所致，展弦比较小所以诱导阻力较大，安装翼梢小翼比后翼效果更明显。

升阻比和升力系数的关系如图 3-55 所示。随着升力系数增加，翼梢小翼降低了与升

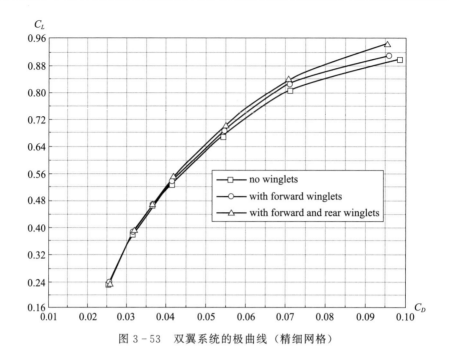

图 3-53　双翼系统的极曲线（精细网格）

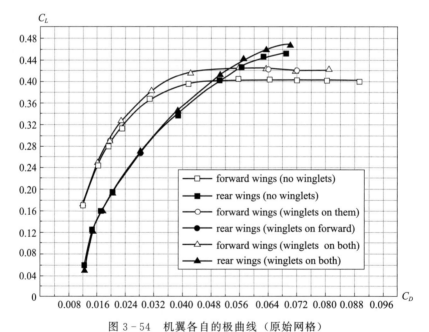

图 3-54　机翼各自的极曲线（原始网格）

力系数平方成正比的诱导阻力，因此升阻比的增量也增加。

　　为了提高计算结果的精度，进一步计算时将棱柱层划分为 10 层。就绝对值而言，所有计算的升阻比都有所增加，但升力系数 $C_L > 0.4$ 时，翼梢小翼的存在增加了升阻比这一结论仍然成立（图 3-56）。

　　计算俯仰力矩 C_m 与攻角之间关系（图 3-57）时，重心选取在前后翼 1/4 弦线间

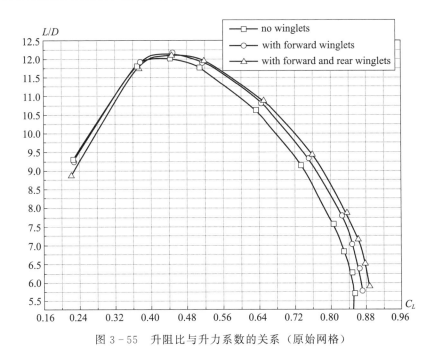

图 3 - 55　升阻比与升力系数的关系（原始网格）

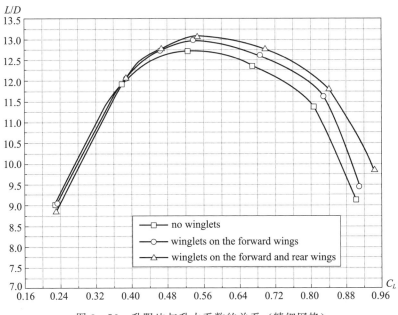

图 3 - 56　升阻比与升力系数的关系（精细网格）

45％位置处。在前翼安装翼梢小翼时，在相同攻角下前翼升力增加，整机压心前移，改变了飞机的纵向稳定性。前后机翼均安装翼梢小翼时，俯仰力矩与攻角之间的关系与无翼梢小翼时相吻合。所有情况下气流分离均开始于前翼，因此飞机具有低头的趋势。

计算不同侧滑角下不同翼梢小翼安装方案的滚转力矩系数 C_l 和偏航力矩系数 C_n。前翼翼梢小翼增加了滚转稳定性但降低了偏航（方向）稳定性；后翼翼梢小翼显著增加了滚

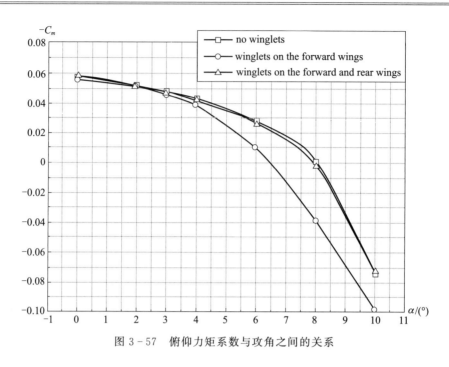

图 3-57 俯仰力矩系数与攻角之间的关系

转和偏航稳定性（图 3-58）。数值方法较好地体现了偏航力矩的线性关系和较大侧滑角下滚转力矩系数的减小，得到的是一条光滑的曲线，而解析法和风洞试验显示存在间断（图 3-59）。XFLR5 属于低精度 CFD 方法，未能准确预测这种趋势，仅对于小侧滑角（—5°～5°）时的结果是可用的。设计的 XFLR5 模型未包含机身（产生的滚转力矩不明显）和垂尾（其影响很小，图 3-60）。

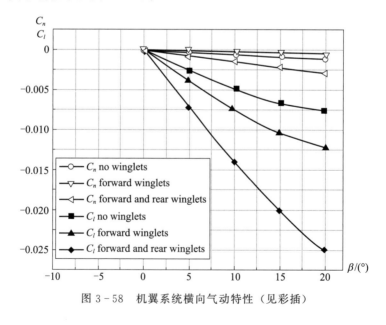

图 3-58 机翼系统横向气动特性（见彩插）

为理解产生差异的原因，采用流场可视化的方法进行分析（图 3-61、图 3-62）。

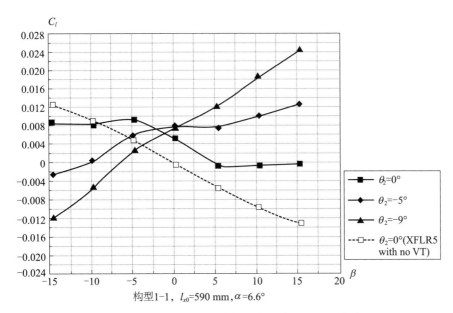

图 3-59　滚转力矩系数与侧滑角的关系（风洞试验）

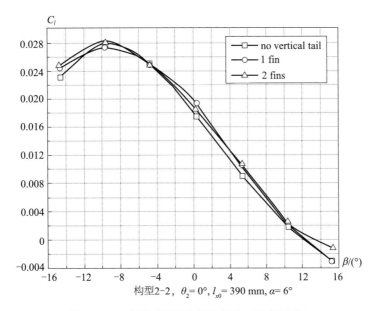

图 3-60　垂尾对滚转力矩的影响（风洞试验）

　　无论存在翼梢小翼与否，即使在侧滑角很大（$\beta \geqslant 10°$）的情况下，前翼左侧翼尖涡均更接近机身对称面，其降低了左后翼的升力，并产生负的滚转力矩（左侧向下）。根据数值计算结果，由于翼间干扰，即使在侧滑角较大时，滚转稳定性仍较大。但正如比较解析法与试验数据（图 2-43）所示，$C_l(\beta)$ 曲线所体现的间断只能通过前翼翼尖涡运动超过后翼翼展来解释（图 2-44）。但是这一现象并未在流场可视化试验中捕捉到（图 2-21）。此外，翼尖涡之间的作用比风洞试验中更线性（较少的相互作用）。

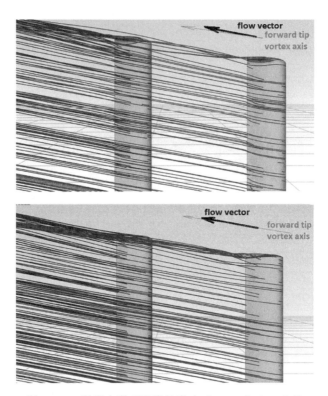

图 3-61　翼梢小翼对流线的影响（$\alpha = 3°, \beta = 10°$）

对于右侧机翼，侧滑角为正（$\beta > 0°$）时，翼尖涡距离更远，因此其相互作用更弱，对滚转稳定性影响较小。

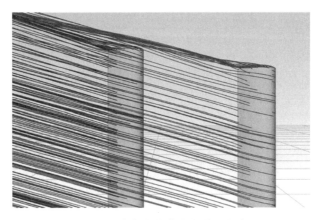

图 3-62　前翼安装翼梢小翼的流线图

表 3-6 给出了滚转静稳定性和方向静稳定性系数，考虑到确定漩涡位置时的误差，系数 C_l^β 在侧滑角 $|\beta| < (5°\sim10°)$ 时是合理的，侧滑角较大时，滚转稳定性降低。

表 3 - 6　翼梢小翼对横向气动特性的影响

翼梢小翼	无	前翼	前翼与后翼
$C_l^\beta, 10^{-4}$	-4.3	-6.0	-11.1
$C_n^\beta, 10^{-4}$	-0.5	0.0	-1.4

通过分析串置翼布局（未考虑机身和垂尾）气动特性（重心选取在前后翼气动焦点距离 45% 处），可以得到以下结论：

1）针对非结构网格数值求解 Navier - Stokes 方程结果可知，在展弦比 9.5 的前翼设计翼梢小翼可减少前翼诱导阻力，提高布局的升阻比，但相互干扰阻力不变，滚转静稳定性增加，纵向静稳定性和方向静稳定性降低。

2）基于相同的方法，在展弦比为 10.6 的后翼设计翼梢小翼，升阻比增加要小于前翼，但会显著增加三个通道的静稳定性。

3）与没有翼梢小翼的布局相比，前后翼均设计翼梢小翼的布局俯仰稳定性相近，但最大升阻比提高 0.3～0.4，最大升力系数提高 0.4，滚转和偏航稳定性提高 2.7～2.8 倍。进一步增加后翼翼梢小翼的面积，利用前后翼的翼梢小翼替换垂尾，以提高布局升阻比。

4）基于 Navier - Stokes 方程数值解，翼梢小翼的引入并不会显著影响前后翼涡流的相对位置和相互作用，即 CFD 方法仍面临着多个升力面相互作用时如何准确预测的问题[23]，即使强大的 CFD 工具在预测大侧滑时涡-涡相互作用也是不准确的，而解析法则可提供更接近风洞试验的分析结果。

当然，还可以尝试其他的翼梢小翼设计，如保持面积不变，增加高度以消除后翼翼尖涡，或者增加后翼翼梢小翼的面积和后掠角以增加方向稳定性，这些方法均可通过精细化的网格来进行分析。

3.8　折叠设计的气动特性

当无人机设计尺寸受限时，串置翼布局是比较有竞争力的候选对象，通常将其设计成折叠翼布局（如 Trident[24]，Sokil - 2[25]，Switchblade[26]）。实际上，串置翼布局的翼展比传统布局方案少 30%～40%。一种应用场景是筒式发射折叠翼无人机，发射之后机翼立刻展开成飞行构型。这种无人机的一个特点是发射后，机翼立刻从沿机身折叠状态展开到后掠角接近零的飞行状态[27]。

本节内容基于 O. Masko 设计的三维模型[28]，研究了筒式发射串置翼无人机机翼展开的不同阶段的气动特性。

在小展弦比和大后掠角情况下，纵向流动与翼尖涡的下洗流不能简单叠加，此时分段平板假设并不适用，因此，在飞行器设计初始阶段通常采用的分析方法在这里并不适用。在风洞中进行模型的参数化试验是一项费时费力的工程，此外，可调的机翼支架设计、加工难度也很大，安装支架的引入也会增加测量误差。因此，本研究主要采用 CFD 方法进行。

研究对象。 研究对象为典型的筒式发射无人机，机翼弦长相等，后翼翼展略大于前翼。展开状态下，前后翼间水平距离约为五倍弦长。翼间垂直方向距离约为弦长的 70%，左右翼之间的间隙约为弦长的 10%，略大于机翼厚度。分别考虑机翼旋转角度为 15°、30°、45°、60°、75°和 90°的展开状态（前后机翼折叠角度相对），即机翼绕轴旋转 15°，意味着前翼的后掠角为 75°，而后翼后掠角为 −75°（前掠）。

研究方法。 采用 ANSYS 16.0 软件对串置翼布局无人机折叠-展开（图 3 - 63）状态流场进行数值计算，采用 Menter 湍流模型（适用于不同攻角下分离流的计算）[29,30]。进行稳态流场计算，选用基于压力的耦合求解器，二阶迎风格式，方程包括能量方程，空气密度采用理想气体模型计算，黏性模型采用 Sutherland 公式，其余采用默认设置。

图 3 - 63　机翼旋转 45°时的无人机模型（见彩插）

基于风洞试验模型，无人机表面粗糙度设为 0.05 mm，总压设为 101 325 Pa，来流速度 25 m/s，温度 288 K，对应弦长特征雷诺数为 110 000。计算气动力和纵向力矩的无量纲参考面积为机翼总面积，参考长度选为前后机翼的弦长之和，重心定义为前后翼转轴连线距前轴 40%位置，攻角设置为 0°～(α_s + 1°)。

采用非结构网格，并进行了网格无关性分析，机翼弦长为 110 mm，各部分最大网格尺寸设置为：进口和压力远场为 500 mm，压力出口 400 mm，机身和机翼 10 mm，腹鳍 5 mm，机头和翼尖 2 mm，机翼及腹鳍前缘 0.5 mm，机翼及腹鳍后缘 1 mm（图 3 - 64）。

棱柱层总厚度设置为 2 mm，与机翼后缘边界层厚度相当，由于只有一层棱柱层，网格不足以精确计算边界层内剪切应力和摩擦阻力，但由于这里重点关注的是升力及力矩，这一网格分布可节省大量的计算时长，是合理的。

计算域尺度相当于后翼翼展的 18 倍。将 ICEM CFD 软件生成的网格转换成多面体网

图 3 - 64　机翼旋转 30°时的模型及表面网格

格，可缩短计算时间。最终一个状态的网格数量在 100 万～150 万，和机翼旋转角度有一定的关系。

计算收敛标准设置为残差达到 10^{-4}，攻角较大时，计算并不是总能够收敛到这一水平，通常在残差达到最小值且气动力稳定在一定值后停止计算。

借助 CFD 手段，计算了不同机翼旋转角度下无人机气动力、力矩与攻角之间的关系（图 3 - 65、图 3 - 66）、无人机表面压力分布（图 3 - 67）与流场流线分布（图 3 - 68）。

升力系数与攻角之间的关系是可预测的，后掠角较大（机翼旋转角度较小）时升力线斜率较低，最大升力系数也较小，失速攻角更高。由于近壁区域网格密度（边界层网格层数及第一层网格高度）不足以支撑正确模拟边界层流场，因此计算的不同机翼旋转角度下的无人机的极曲线可用于定性比较，计算阻力的数值可信度不高。

机翼旋转角度达到 45°时，无人机纵向不稳定，旋转角度 60°时，小攻角下是中性稳定的。表面压力分布云图表明，机翼上表面的低压区域出现在重心之前，因此，机翼，尤其是后翼产生的升力作用点在中心之前，从而产生抬头力矩，即纵向不稳定。由于在完全展开的布局中（无后掠情形），重心位置配置在前向极限位置之前，因此，全机重心无法再前移。

当然，对于还具有其他可变参数的折叠翼无人机布局而言，不稳定现象并不仅仅发生在机翼旋转 60°的情形，但这一结论应该是典型的，因为从结构上来看，前翼向后折叠、后翼向前折叠的设计是非常明确的，除此之外的设计将非常复杂。比如，伸缩机翼是一种可替代的方案，但其增加了结构的复杂性，降低了可靠性，机翼厚度增加，尽管可以通过增加展弦比来降低诱导阻力从而弥补型阻的增加。机翼差动旋转（不同步旋转，如前翼旋转 45°时后翼旋转 15°）也不能确保解决不稳定问题，后机翼旋转 15°～30°时其产生的抬头力矩要高于前机翼旋转 15°～30°时产生的低头力矩。因此，最简单实用的方法是快速展开机翼，这样俯仰力矩不会显著改变无人机姿态，无人机也未达到失速攻角，但这又对机翼展开机构提出了较高的设计要求。

当机翼旋转角度较大（75°～90°，对应后掠角为 15°～0°）时，流动分离主要发生在前

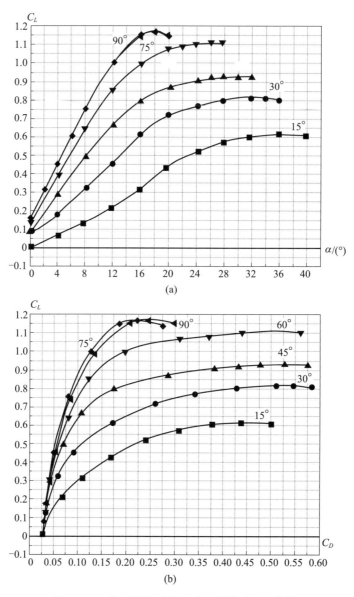

图 3-65　模型升力系数与攻角的关系及极曲线

翼以及机翼的翼根部位，此时无人机在较大攻角范围内是稳定的，没有滚转或旋转的趋势。另一方面，受前翼翼尖涡影响，位于后翼的升降舵/副翼会有小的流动分离，这降低了舵效。为避免潜在风险，可以增加舵面的面积、增加后翼的扭转角、改变机翼的上反角（降低翼间干扰及后翼翼尖的上洗流）以及将控制面从后翼移至前翼（由于后翼翼展更大、力臂更长，副翼位于后翼上控制效果更明显，但位于前翼也能够控制住——见 2.2.9 节）。

　　无人机周围流线分布表明，机翼安装部位在整个攻角范围内都存在流动分离现象，这对全机纵向稳定性影响不大，但降低了升阻比（图 3-69）。这种缺陷是折叠翼无人机布局所固有的。

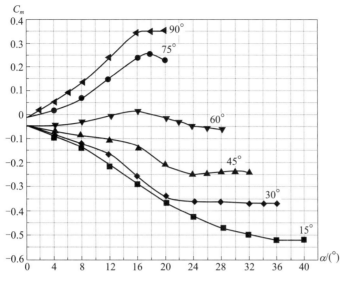

图 3 - 66　不同旋转角下俯仰力矩系数与攻角的关系（见彩插）

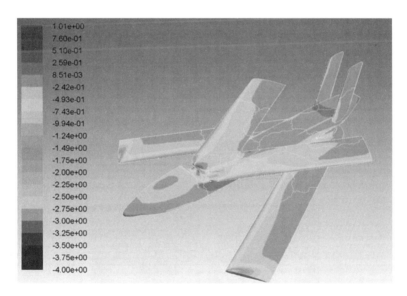

图 3 - 67　表面压力分布（机翼旋转 30°，α = 12°）（见彩插）

由于折叠的左机翼与右机翼旋转轴相同，且右机翼高于左机翼，因此存在气流从高压区向低压区的流动（"根部涡流"），并且可以观察到沿机身左侧存在涡流（图 3 - 70）。由于该涡流距离对称面不远，其产生的滚转力矩较小以至于无法量测（图 3 - 71），而且无人机也不存在旋转的初始条件。这一涡流的唯一缺点是由于流动能量损失而导致气动阻力增加。

对于机翼旋转角度较小且处于中等攻角的情况，后机翼上流动是对称的，但前翼左右两侧差异很大（图 3 - 72）。由于机翼旋转产生的涡流位于左翼上方。有意思的是，机翼旋转角度较小时，每个机翼均会在前缘与后缘产生两个涡（图 3 - 73），后翼产生的涡流经前翼，形成一个复杂的涡流系统（实际上，整个过程只持续了几分之一秒）。

图 3 - 68　流动分离（机翼旋转 75°，$\alpha = 4°$）

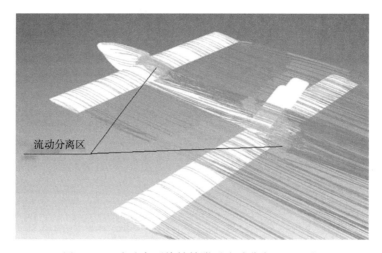

流动分离区

图 3 - 69　小攻角下旋转轴附近流动分离（$\alpha = 4°$）

图 3 - 70　机身左侧涡流（$\alpha = 8°$）

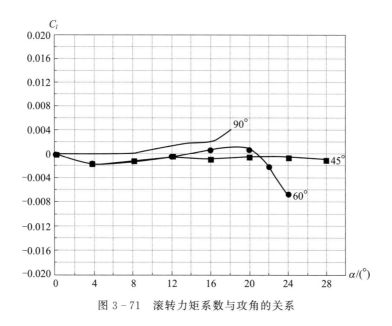

图 3-71　滚转力矩系数与攻角的关系

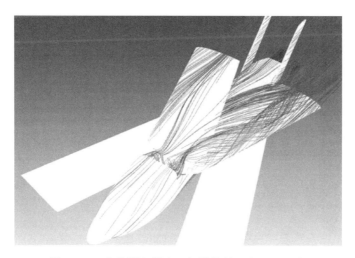

图 3-72　左前翼上涡流（机翼旋转 15°，$\alpha = 12°$）

攻角较大时，由于机身与下侧机翼的不利干扰，流动分离首先从右后翼（$\alpha = 8°$）开始并逐渐增大（图 3-74），左后机翼离机身相对较远，其与机身之间干扰相对较弱，因此流动未分离。此外，机身左侧的涡流降低了实际攻角，前翼位置较高，因此不会对机身产生不利的干扰。

基于筒式发射无人机从运输状态向飞行状态转换的数值模拟研究表明：

・当机翼旋转角度较大（75°~90°，对应后掠角为 15°~0°）时，流动分离主要发生在前翼和翼根部位，尽管流动不对称，但无人机没有滚转和旋转趋势，无人机在较大攻角范围内是稳定的。

・机翼旋转角度达到 60°时，无人机纵向不稳定，后翼产生的升力作用点位于重心之

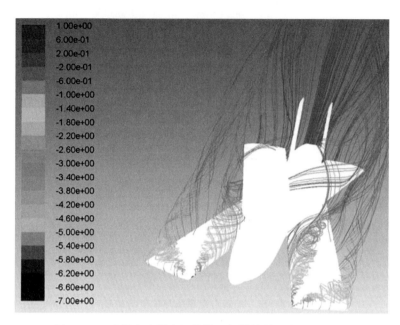

图 3-73　后翼产生涡流经前翼（机翼旋转 15°，$\alpha = 32°$）

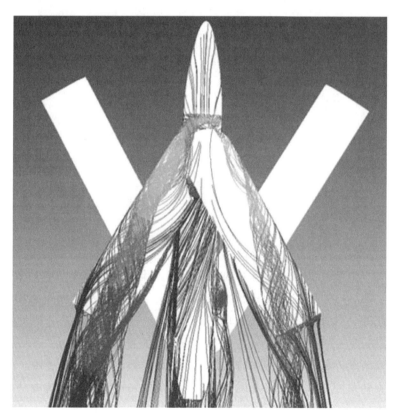

图 3-74　右后翼翼根部流动分离（机翼旋转 30°，$\alpha = 16°$）

前，因此焦点位置位于重心之前。由于机翼旋转角度较小时的不稳定性，需要机翼展开时间极短：基于 Oleksandr Masko 的飞行试验数据[31]，对于 2～3 kg 无人机而言需要控制在 0.2～0.3 s。

• 相对于固定翼设计，折叠翼布局不可避免存在局部气动不利因素（如机翼展开机构部位、垂尾展开部位的流动分离区域，沿机身的涡流），这均会产生额外阻力，但不会产生飞行稳定性问题。

进一步可基于气动特性计算或飞行试验开展无人机动力学建模相关研究[32,33]。

3.9　结论

本章中，首先考虑了下机翼与上机翼布局，基于理论空气动力学和数值仿真综述确定了其设计实现约束，研究表明，地面效应是其设计需要考虑的首要因素，其次是物理影响区域。

基于风洞试验数据研究了展弦比对气动特性的影响，并给出了重心范围、稳定性与可控性之间的关系。

对于串置翼布局而言，翼型与机翼安装角的确定是非常复杂的，以提升最大升力、提高巡航升阻比和纵向稳定性为目标（三者通常是相互冲突的），提出了确定翼型和机翼安装角的算法，该算法还可用于翼型的设计

Munk 定理表明，机翼之间的纵向距离对于气动特性影响较小，但文章通过理论分析和试验表明，在某些几何参数下，翼间纵向距离甚至会影响飞行性能。

机翼间垂直方向距离对于气动特性会产生有利影响，因此建议尽可能增加垂直方向的距离，以减小翼间的不利干扰。这一距离主要受机身约束，利用前文推导并经过验证的分析方法对气动特性进行定量评估，以在概念设计和初步设计阶段在气动性能和机身重量之间取得平衡。

对于串置翼布局，为了提高升阻比并保持滚转和方向稳定性，机翼上反角可比传统飞机高（10°及以上），理论分析结果与 CFD 结果以及试验数据之间完全一致。

针对 RANS 方程的非结构网格数值结果表明，串置翼布局上安装翼梢小翼可提高升阻比，增加其稳定性以及可控性，但该结果还需要试验验证。

借助于高精度的 CFD 方法可知，筒式发射折叠翼布局无人机在展开初始阶段，机翼旋转角度较大（对应于后掠角较小）时是稳定的，但在展开的最初阶段是纵向不稳定的，因此必须将展开时间压缩到几分之一秒量级。

参 考 文 献

［1］ Seryoznov AN (ed) (1989). Rukovodstvo dlya konstruktorov letatelnyh apparatov samodeyatelnoy postroyki (Manual for designers of self – made aircraft). Siberian Scientific Research Institute of Aviation, Novosibirsk.

［2］ Mahmood H (2015). A CFD study on the ground effect. BEng Aerospace Engineering. https：// www. researchgate. net/publication/284027599. Accessed 2 Oct 2022.

［3］ Votyakov VD (1972). Aerodinamika letatelnyh apparatov i gidravlika ih sistem (Aerodynamics of aircraft and hydraulics of their systems) VVIA named after prof. NE Zhukovsky, Moscow.

［4］ Boling J, Zha G (2021). Numerical investigation of longitudinal static stability of a high – speed tandem – wing VTOL vehicle using CoFlow Jet airfoil. https：//arc. aiaa. org/doi/pdf/10. 2514/6. 2021 – 1732. Accessed 2 Oct 2022.

［5］ Cheng H, Wang H (2018). Prediction of lift coefficient for tandem wing configuration or multiple – lifting – surface system using Prandtl's lifting – line theory. Int J Aerosp Eng. https：// doi. org/ 10. 1155/2018/3104902.

［6］ Bozova MV, Kryvokhatko IS (2017). Optimizatsiya geometrichnyh kharakterystyk skhemy tandem za kryteriyem maksymalnoii aerodynamichnoii yakosti (Optimization of tandem wings' geometric parameters over maximum lift – drag ratio). In：Abstracts of the XI interna – tional conference gyrotechnologies, navigation, control and design of aerospace technique, National Technical University of Ukraine "Igor Sikorsky Kyiv Polytechnic Institute", Kyiv, p 23 – 27.

［7］ Sutugin LI (1945). Osnovy proektirovaniya samolyotov (Basics of aircraft design). Oborongiz, Moscow.

［8］ Bowers P (1984). Unconventional aircraft. TAB Books, Blue Ridge Summit.

［9］ Kryvokhatko IS (2015). Pidvyshchennya aerodynamichnoii yakosti litalnoho aparata skhemy tandem pidborom profiliv kryl (Gain of lift – drag ratio of tandem wing aircraft via wing airfoil selection). National Technical University of Ukraine "Igor Sikorsky Kyiv Polytechnic Insti – tute", Kyiv. https：//doi. org/10. 20535/0203 – 377129201557356.

［10］ Kryvokhatko IS (2015). Metod vyznachennya aerodynamichnyh kharakterystyk litalnogo aparata skhemy tandem (Method for aerodynamic characteristic determination of tandem wing aircraft). Dissertation, National Aviation University, Kyiv.

［11］ Repik YU, Sosedko YP (1975). Vliyaniye turbulentnosti potoka na rezultaty vesovyh izmereniy v aerodinamicheskih trubah (Effect of flow turbulence on results of weight measurements in wind tunnels). TsAGI, Moscow.

［12］ Votyakov AA, Kayunov NT (1975). Aerodinamika i dinamika polyota samolyota (Aerodynam – ics and flight dynamics of aircraft). DOSAAF, Moscow.

［13］ Kashafutdinov ST, Lushin VN (1994). Atlas aerodinamicheskih harakteristik krylovyh profiley

（Atlas of aerodynamic characteristics of wing airfoils）. Siberian Scientific Research Institute of Aviation, Novosibirsk.

[14]　Kryvokhatko IS, Sukhov VV (2012). Aerodynamichnyi profil nesuchogo elementa litalnoho aparata (An airfoil of aircraft lifting surface). UA Patent 75557, 10 Dec 2012.

[15]　Mhitaryan AM (1974). Aerodinamika (Aerodynamics). Nauka, Moscow.

[16]　BlackFly - Official Launch (2018). Opener. https: //www. youtube. com/watch? v= Jcpq6XYYoY4. Accessed 4 Oct 2022.

[17]　Wolkovitch J (1979). Subsonic VSTOL aircraft configurations with tandem wings. J Aircr 16 (9): 605 - 611. https: //doi. org/10. 2514/3. 58574.

[18]　Prakash I, Mukherjee P (2019). Aerodynamics, stability and performance characteristics of X - tandem aircrafts. Int J Veh Struct Syst 11 (1): 57 - 63. https: //doi. org/10. 4273/ijvss. 11. 1. 11.

[19]　Faye R, Laprete R, Winter M (2017). Blended winglets. Boeing. https: //www. boeing. com/commercial/aeromagazine/aero _ 17/winglet _ story. html. Accessed 4 Oct 2022.

[20]　Masak P (1991). Winglet design for sailplanes. http: //www. soaridaho. com/Schreder/Technical/Winglets/Masak. htm. Accessed 2 Oct 2022.

[21]　Maughmer M (2001). The design of winglets for high - performance sailplanes. J Aircr. https: //doi. org/10. 2514/2. 7220.

[22]　Voityuk OO, Kryvokhatko IS (2017). Vplyv vingletiv na aerodynamichni kharakterystyky litalnoho aparatu skhemy tandem (Effect of winglets on aerodynamic characteristics of tandem wing aircraft). National Technical University of Ukraine "Igor Sikorsky Kyiv Polytechnic Institute", Kyiv. https: //doi. org/10. 20535/0203 - 3771342017121967.

[23]　Van Dam CP (1999). Recent experience with different methods of drag prediction. Prog Aerosp Sci 35: 751 - 798.

[24]　Trident (2015). Unmanned integrated systems. http: //uis. sg/author/uisadmin/. Accessed 3 Oct 2022.

[25]　"SOKIL - 2" container - launched unmanned aerial vehicle (2021). State Kyiv design bureau "Luch". http: //www. luch. kiev. ua/en/production/air - weapons/sokil - 2 - container - launched - unmanned - aerial - vehicle - that - is - launched. Accessed 4 Oct 2022.

[26]　Switchblade 300 (2022). Army recognition. https: //www. armyrecognition. com/us _ american _ unmanned _ aerial _ ground _ vehicle _ uk/switchblade _ 300 _ miniature _ loitering _ munition _ sui cide _ drone _ data _ fact _ sheet. html. Accessed 2 Oct 2022.

[27]　Zbrutsky OV, Masko OM, Sukhov VV (2012). Bezpilotni litalni aparaty konteinernoho startu: suchasnyi stan i napryamky doslidzhen (Tube launch unmanned aerial vehicles: current state and direction research). National Technical University of Ukraine "Kyiv Polytechnic Institute". https: //ela. kpi. ua/handle/123456789/2826.

[28]　Kryvokhatko I, Masko O (2017). Aerodynamic characteristics and longitudinal stability of tube launched tandem - scheme UAV. In: Volkov K (ed) Flight physics - models, techniques and technologies, IntechOpen, New York, pp 73 - 84. https: //doi. org/10. 5772/intechopen. 68297.

[29]　Lapin YV (2004). Statisticheskaya teoriya turbulentnosti (Statistical theory of turbulence). SpbSTU, Saint PetersburgL.

［30］　Vozhdaev VV（2011）. Vliyaniye modeli turbulentnosti na tochnost rascheta aerodinamicheskih harakteristik mehanizirovannogo kryla（Effect of turbulence model on accuracy of aerodynamic characteristic calculation for a wing with high‒lift devices）. TsAGI，Moscow. http：// www. tsagi. ru/institute/publications/machinery＿fleet/archive＿annotations/2011/％D0％A2％ D0％92％D0％A4％20％E2％84％963‒2011. pdf.

［31］　Masko OO（2017）. Harakteristiki povzdovzhnyoii stiikosti BpLA skhemy tandem pry starti z transportnoho konteinera（Longitudinal stability characteristics for a tandem wing UAV during its launch from the transport container）. KhAI，Kharkiv. http：//nbuv. gov. ua/UJRN/aktit＿201 7＿2＿6.

［32］　Gao L，Jin H，Zhao J，Cai H，Zhu Y（2018）. Flight dynamics modeling and control of a novel catapult launched tandem‒wing micro aerial vehicle with variable sweep. IEEE Access 6：42294‒ 42308. https：//doi. org/10. 1109/ACCESS. 2018. 2858293.

［33］　Cheng H，Shi Q，Wang H，Shan W，Zeng T（2022）. Flight dynamics modeling and stability analysis of a tube‒launched tandem wing aerial vehicle during the deploying process. Proc Inst Mech Eng G J Aerosp Eng 236（2）：262‒280. https：//doi. org/10. 1177/09544100211010903.

第 4 章　串置翼飞机气动设计建议

你已经注意到，本书没有专门讨论串置翼优化的问题。在当前技术水平下，常见的解决方案是选取合理（或有效）的参数或针对单目标（如确定最佳重心位置以使得巡航飞行时配平损失为零）参数进行优化。针对总体优化问题的最优解，必须从数学上证明变量的任何变化都会降低一个或一组目标函数值。而实际的优化问题，即使仅仅从气动优化方面也涉及许多优化变量和优化准则，更不用说还涉及结构、动力等方面了。比如 2021 年的文献［1］中，针对串置翼布局优化选取了 5 个自变量（展弦比、机翼间水平和垂直距离、前后翼的安装角）和 2 个优化目标（爬升阶段升力系数 $C_{L\,\text{ascent}}$ 以及 $C_L = 0.5$ 时升阻比 $(L/D)_{\text{cruise}}$）。这里，我们不讨论其使用的代理模型技术（速度更快，但不精确），而是针对其气动模型进行点评：

1）由于"优化过程中针对多个目标需要进行大量计算"，研究过程中采用了涡格法进行气动分析，但涡格法对于最大升力系数预测不准确，因此 $C_{L\,\text{ascent}}$ 也不准确，故升力系数提升 6％ 的结论不可信，考虑到其初始布局中前翼翼展较大并不合理，升阻比提高 11％ 的结果也就不那么突出（也称 Delanne 机翼设计，以 Maurice Delanne 的名字命名，很像超大尾翼布局飞机[2, P11]）。

2）研究的最大问题是未考虑无人机的三轴稳定性，虽然考虑稳定性会更加复杂和耗时，但如果不考虑升阻比和俯仰稳定性之间的矛盾，得到的方案要么是不稳定的，要么性能不能在巡航和爬升两个阶段取得平衡。

3）研究中未考虑机翼上反角和翼梢小翼等可用于提高升阻比的设计，这更耗时。

4）研究未考虑翼型的影响，对于不同的翼型，其最佳安装角与重心范围是不同的。

5）对翼间水平/竖直方向距离进行优化时必须考虑实际结构的影响。从气动上讲，最佳的水平/竖直方向距离是在设计容许范围内取最大值，但这会增加机身结构重量。

我们的意思并不是应该放弃优化，而是想说即使是在概念设计阶段，真正的多因素优化也很难实现，而且也不现实。在通常的设计过程中，最好是从合理的初始设计开始。

对于串置翼布局飞行器（不管是有人驾驶还是无人机）而言，其最优设计状态是单点最优的，即其最佳气动特性是在某一速度（攻角）下实现的，当偏离这一状态时，配平损失比常规布局增加更快，升阻比显著下降。换言之，如果根据设计要求，飞行器需要以 70 km/h 的速度完成一半飞行，以 100 km/h 的速度完成另一半飞行，那么就需要考虑替代设计方案，而不是采用串置翼布局。

如果飞机需要依靠跑道起飞和降落（需要考虑地效）且展弦比在 7～9，则前翼较低、后翼较高（图 1-2）的设计可提供纵向稳定性，当飞机起飞离开地面时，前翼升力降低，全机压心前移，这样绕重心的俯仰力矩不会发生显著变化。机翼安装角与展弦比的选取应使得前翼发生流动分离时攻角较小，此时后翼不会落入前翼的尾流影响区域中。不考虑后翼影响时，前机翼的失速攻角可通过单翼模型确定，而影响区角度可根据飞机侧视图进行几何计算（图3-4）。

如果无人机从集装箱、弹射器或操作员手抛发射起飞，则建议飞机设计为前翼高于后翼。随着攻角增加，前翼翼尖涡与后翼距离越来越远，翼间干扰减弱，升阻比增加，正常飞行过程中后翼不受前翼尾流影响。当攻角降低到"物理影响角"时，后翼提供升力保持为正，而后由于流动阻滞，升力急剧下降产生抬头力矩，攻角恢复至正常飞行范围。这种情况不难解决：考虑如第1章中的前机翼较高的布局，翼盒高度较小，实际"物理影响角"为小的负值，采用不对称翼型则会产生正的升力。最后，可将前后翼的安装角各增加1°～2°，通常情况下，即使攻角为负，串置翼布局也只有在极不合理的设计下才会丧失纵向稳定性。

实践表明，前后翼弦长相当的情况下，后翼展弦比应大于前翼，这样后翼翼尖的上洗流会增加后翼的升力，减轻翼间的不利干扰，降低相互间的诱导阻力，并且在较大的侧滑角范围内提高了滚转稳定性（见2.2.7节）。

对于串置翼布局不推荐采用对称翼型或S形翼型（对于自杀式无人机而言对称翼型甚至平板也是合理的）。对于小型载人飞机（1～5座）可采用层流翼型，对于低雷诺数微型无人机，薄翼型（相对厚度10%左右，最大厚度位于30%弦线位置附近）是最合适的。针对不同的设计应该根据飞行雷诺数以及升降舵需提供的配平力矩来选择翼型。一般而言，初步确定翼型和几何参数（翼间水平距离、翼盒高度、上反角）后，可通过绘制纵向力矩曲线（图4-1）来评估重心范围、翼差角、巡航飞行以及大攻角飞行时配平力矩等参数。

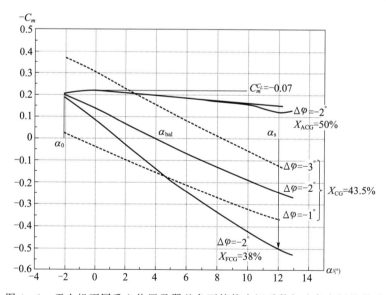

图4-1　无人机不同重心位置及翼差角下俯仰力矩系数与攻角之间的关系

为保证失速攻角下的俯仰通道的稳定性，流动分离应从前翼开始。前后翼采用相同翼型时，可通过前翼安装角比后翼大2°～4°来实现，这样在设计攻角巡航飞行时无需升降舵即可实现俯仰平衡。

与常规布局一样，串置翼布局的重心配置范围取决于焦点与升降舵舵效，而不能听从于将重心配置于前翼后缘附近的建议[3,P34]，对于翼间纵向距离相对较小（$l_{x0} \sim 2c$）的布局是合理的，但对于无人机而言，翼间纵向距离通常要大得多（$l_{x0} \sim 5c$），此时重心可适当后移。

重心的后向极限位置通常在机翼系统的焦点位置之前一小段距离（通常为机翼弦长之和的百分之几）。对于小型飞机建议取 10% 的稳定裕度，但对于无人机而言，根据控制系统的性能，稳定裕度可以更小。例如在图 4-1 中，由于 $C_m^{CL} = -0.07$，因此选取重心位于焦点之前距离为弦长之和的 7%，此时 $\overline{x}_{cg} = 50\%$。焦点位置可利用解析方法（2.2.6 节）或 CFD 方法确定，一般而言，这是前后翼翼面积以及后翼受洗流影响（取决于机翼相对位置）的函数。在重心的后极限位置，在失速攻角、巡航和下降状态下飞机均可保持平衡，抬头力矩可通过位于前翼的升降舵向上偏转 $5° \sim 10°$ 来平衡，$C_m(\alpha)$ 曲线向下平移，类似于翼差角从 $-2°$ 变为 $-1°$ 的情形。因此，如果关注飞行器的静稳定性，则重心的后向极限位置就是焦点，而不取决于升降舵舵效。

重心的前向极限位置取决于升降舵可产生的最大抬头力矩，简言之，在前向极限位置下，飞机仍需在失速攻角下获得最大升力。例如，根据分析，升降舵可产生的最大抬头力矩为 $C_{m\,max}(\delta_{elev}) = -0.55$，则对于无人机而言，$C_{m\,max} = +0.50$ 是可接受的安全裕度的极限，如图 4-1 所示，这一控制力矩可使得重心位置 $\overline{x}_{cg} = 38\%$ 时达到攻角 $\alpha_s = 12°$，此即重心的前向极限位置。

为了增加串置翼布局最大升阻比，进而延长飞行时间，可采取如下措施：

1）与传统方案类似：在给定飞行状态（雷诺数）和俯仰力矩约束（尽可能接近零）下选择高升阻比翼型、减小翼型厚度、增加机翼展弦比（这样会增加机翼重量），从几何和气动角度增加机翼扭转（降低机翼本身诱导阻力，也更复杂），改进机身局部气动特性及其与机翼连接部位设计（防止局部压力梯度导致流动分离），减小垂尾面积（降低了方向稳定性）。

2）减小翼差角：后翼安装角固定时，前翼安装角越小，前翼翼尖涡越弱，相互干扰越小，后翼阻力越低，但这样设计的缺点是以巡航攻角飞行时难以配平，对于通常采用的翼型（非对称翼型，非 S 形翼型）而言，建议翼差角 $\Delta\varphi = (-2 \pm 1)°$（图 3-10）。

3）翼差角和重心位置应使得无人机在巡航飞行时，升降舵无需偏转即能保持俯仰通道平衡（此即最佳重心位置）。对于有人驾驶飞机而言，建议选择重心位于后极限位置，这样当重心前移时，前翼升降舵向下偏转，这样增加了升力，提高了飞行安全性（前翼失速攻角降低）。图 4-1 中，最佳重心位置是 43.5%，这样无人机平衡攻角在 $4°$，此时对应最大升阻比，如果升降舵偏转（尤其是向下偏转），那么升阻比的最大值将降低。

4）增加翼盒高度（前后机翼间竖直方向距离），如采用 S 形机身（图 1-18），将机翼翼尖涡相互远离，减小翼间的负干扰。

5）前后翼分别采用上反和下反设计，即增加翼尖涡间的距离，前上翼建议上反

（$\theta_1 = +5° \sim +10°$），后下翼建议下反（$\theta_2 = -5° \sim -10°$），提高上反（下反）角绝对值可增加升阻比，但最大升力降低（失速速度增加）；此外，后翼翼展增加时滚转稳定性降低，前翼上反角增加时方向稳定性降低。

6）在前后翼上增加翼尖装置（如翼梢小翼）。对于常规布局飞机而言，尽管翼梢小翼本身会增加阻力、增加机翼弯矩和结构重量，但降低了诱导阻力。对于串置翼布局而言效果相似，对于前翼而言，翼梢小翼的优点是减少了翼间的负干扰，缺点是降低了方向稳定性，为避免这种情况，建议将翼梢小翼设计在后翼上。翼梢小翼朝上设计时增加滚转稳定性。在数值仿真中未观察到翼梢小翼对翼间干扰的影响，这需要进一步的研究。

7）通常是由于尺寸或折叠位置等约束而采用串置翼布局设计，也可以考虑采用伸缩机翼设计：飞行时机翼展开，机翼展弦比增加从而减少诱导阻力和翼间干扰。

为了提高最大升力系数从而降低失速速度，可采用如下措施：

1）采用高升力翼型，同时可增加两翼的展弦比（如果小于 $6 \sim 7$）；前翼还可选取最大升力系数相同但失速攻角更大的翼型，后翼能提供的最大升力将增加。由于总的升力系数受前翼失速攻角影响，因此后翼最大升力系数 $C_{L\,max\,2}$ 的增加并不影响总的最大升力系数 $C_{L\,max}$。

2）将翼差角调整至更接近于零，如从 $-3°$ 变为 $-2°$，即增加后翼安装角或减小前翼安装角[5]，这样在失速攻角（由前翼确定）下，后翼将产生更多的升力，但需要注意纵向稳定性。

3）不改变机翼上反角，而是通过增加前后翼间的竖直方向距离（即改变翼盒高度：增加结构距离或大攻角巡航飞行）的方式实现在不损失单独机翼升力的前提下减少翼间干扰。

4）常规布局中需要重心位置后移，而对于串置翼布局而言，重心前移反而可能是有益的：前翼升降舵向下偏转，下洗影响更大，后翼升力减小，但总的升力增加。

5）后翼升力系数随着前翼梢根比的减小而增加[5]。对于梯形前翼，翼尖涡会向对称面靠近，对于三角翼更是如此，因此后翼更大部分将受上洗流影响（图 4-2），对于后翼情况正好相反：机翼展长和翼根弦长相同情况下，减小翼梢弦长即是降低了后翼受上洗影响的面积，升力降低。

如果需要将重心范围后移，可采用如下措施：

1）采用后掠翼。机翼后掠角在 $-10° \sim +10°$ 范围内变化时对于气动特性［$C_L(\alpha)$ 和升阻比］影响较小，但可显著改变焦点，对于机身重量分布改变的情况，可通过这种设计进行弥补。

2）增加后翼面积：可增加翼展和弦长，但对整机的气动特性影响较大。

3）前翼采用上反设计，增加其翼尖与后翼的距离（前翼在上则上反，前翼在下则下反）：根据余弦定理，前翼产生的升力减小，后翼升力随着下洗气流的减少而增加，因此后翼产生的升力在总升力中所占份额增加，因此重心的后极限位置随焦点向后移动。对后翼采用上反设计对重心移动的影响较小：同样根据余弦定理，单独后翼提供的升力减小，但由于翼间负干扰也减小，因此前翼与后翼提供的升力比值不变，压心位置不变。因此，可通过上反设计来改变重心位置，同时增加升阻比。

4）前翼翼面采用梯形设计，而不采用矩形机翼（即梢根比小于 1），或后翼更接近矩形机翼，从而增加后翼提供的升力在总升力中的比例（图 4-2）。

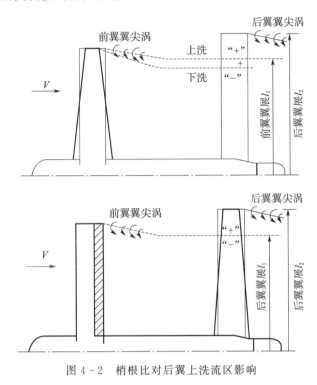

图 4-2　梢根比对后翼上洗流区影响

由于配平损失增加很快，因此后翼安装角的改变是有限度的，且必须重新分析气动性能。

为使重心前移，采用措施应与前面相反。

要扩大重心移动范围，可采用以下措施：

1）保持前翼升降舵舵效的同时将全机焦点后移，如通过减少翼间干扰来增加后翼升力。前翼上反设计（前翼在上方时，正的上反角或翼尖上移）时，自身提供升力会略微下降，但由于下洗气流的减少，后翼升力增加，全机焦点后移，重心极限也后移。

2）增加升降舵的长度、宽度和力臂来增加升降舵的舵效，无论升降舵处于前翼还是后翼，从而扩大重心前移的极限范围。相比常规布局，串置翼布局升降舵力臂相对较小，但升降舵长度可和整个机翼展长相等。

3）将前两点结合：增加前后翼间的纵向距离 l_{x0}，一方面，增加了前翼上升降舵的力臂，舵效增加，重心前向极限前移；另一方面，翼间纵向距离的增加使得全机焦点和重心后向极限后移（极端情况是 $h=0$，$l_{x0}=c_1$，此时飞机变成"飞翼"，只有特定翼型或机翼扭转时才能配平，其重心可移动范围很小），当然，结构长度增加会导致机身弯矩更大，重量增加。

4）优化前后机翼面积之比。虽然针对串置翼布局并没有专题研究，但众所周知，对于常规布局，重心配置范围与平尾面积成正比。翼面积增加到极限即从串置翼布局变为鸭式布局，鸭式布局的一个特点即是重心变化范围很窄，为了获得可接受的俯仰力矩，即将焦点后移，通常机翼采用较大的后掠角。因此最佳面积比应介于二者之间。

一般而言，串置翼布局的一大优势是其重心配置范围较大，但是正如前文所述，通常选择后翼面积比前翼大 $10\%\sim20\%$。

为提高滚转通道的稳定性，可采取下列措施：

1）类似于常规布局，增加垂尾面积或力臂（沿 z 轴与重心的距离）。

2）前翼上反（小的下反），后翼下反（小的上反），或二者兼而有之。

3）前翼或后翼上使用翼梢小翼，或二者兼而有之。

需要注意的是，增加滚转稳定性的范围（一般侧滑角 $|\beta|$ 最大可达 $5°\sim10°$，取决于翼展比 b_2/b_1），翼间干扰会产生显著的稳定力矩。也就是说，侧滑角较小时，前翼翼尖涡接近后翼平面会增加滚转稳定性（表 2-5），但翼间竖直方向距离的减小会导致最大升力和升阻比降低，因此一般不推荐这样做，增加翼间纵向距离 l_{x0} 会增加滚转稳定性，但稳定范围减小。

为扩大滚转稳定性增加后的稳定范围，可以增加翼展比 b_2/b_1，但翼间干扰影响减弱：随着前翼与后翼面积比减小，前翼越来越小，最终无法对后翼气动特性产生显著影响。同时，方向稳定性降低：重心后移，垂尾及后翼的力臂（尤其是具有上反/下反角或者翼梢小翼时）减小，而前翼力臂（当具有上反/下反角或翼梢小翼时产生不稳定力矩）增加。

为了提高方向（偏航）稳定性，可采取如下措施：

1）类似于常规布局，增加垂尾面积或力臂（沿 x 轴与重心的距离）。

2）增加垂尾力臂可采用如下方法：重心前移，减小后翼升力在总升力中的份额，减小机翼面积比 S_2/S_1，增加翼差角绝对值（如从 $-2°$ 变为 $-3°$，这样会降低升阻比）。

3）必须考虑尾翼上反/下反以及翼梢小翼对滚转稳定性的影响。

4）令前翼上反/下反角接近零，减小翼梢小翼面积甚至取消翼梢小翼。

在实践中，串置翼布局的方向稳定性可能过高，而滚转稳定性则相反，因此可能需要牺牲部分方向稳定性以改善其他气动性能，如最大升力系数、升阻比或滚转稳定性。

对于上述所有措施，应当基于无人机实际外形来确定上反角、安装角等参数，即考虑气动载荷下的变形情况。常规布局中，机翼弯曲主要表现为增加了滚转稳定性，对于串置翼布局而言，由于前后机翼刚度不同，翼间干扰（主要体现为下洗气流）发生变化，从而影响无人机的纵向和横向气动性能。此外，如果前后翼在气动载荷下的扭转不一样，那么各自的升力占比也不一样，从而影响重心范围，翼间干扰随之变化，进而影响升力和阻力。

参 考 文 献

［1］ Shi Q，Wang H，Cheng H，Cheng F，Wang M（2021）. An adaptive sequential sampling strategy‐based multi—objective optimization of aerodynamic configuration for a tandem—wing UAV via a surrogate model. IEEE Access 9：164131‐164147. https：//doi. org/10. 1109/ACCESS. 2021. 3132775.

［2］ Minardo A（2014）. The Tandem Wing：Theory，experiments，and practical realisations. Disser‐tation，Politecnico Di Milano，Milano. https：//www. politesi. polimi. it/bitstream/10589/9361 9/1/2014 _ 07 _ Minardo. pdf.

［3］ Sutugin LI（1945）. Osnovy proektirovaniya samolyotov（Basics of aircraft design）. Oborongiz，Moscow.

［4］ Seryoznov AN（ed）（1989）. Rukovodstvo dlya konstruktorov letatelnyh apparatov samodeyatelnoy postroyki（Manual for designers of self‐made aircraft）. Siberian Scientific Research Institute Of Aviation，Novosibirsk.

［5］ Cheng H，Wang H（2018）. Prediction of lift coefficient for tandem wing configuration or multiple‐lifting‐surface system using Prandtl's lifting‐line theory. Int J Aerospace Eng. https：//doi. org/10. 1155/2018/3104902.

结　论

进行飞行器设计时，如果采用前后机翼面积相近的布局，即串置翼布局，需要综合评估该布局的优缺点。

串置翼布局优点

1）可有效减小全机尺寸，尤其是翼展尺寸。

2）可减小诱导阻力，与具有相同翼展且具有最佳升力分布的单翼布局相比，其诱导阻力降低了 1.36 倍[1,P603]。

3）由于前后机翼均产生正升力，因此可减小总的润湿面积，从而降低阻力或提高飞行速度[2,P15,16]。

4）为了保持展弦比，低雷诺数下可采用相对厚度较小的翼型[3,P36]。

5）可有效增加重心可调范围[4,P150]（文献［2，P14］说法相反），如增加翼间水平间距（如为 5 倍而非 2 倍弦长，见图 4－1，此时重心可变范围为水平间距的 12％，即弦长的60％），或者可以设计升降舵占据整个前翼/后翼的后缘翼展。

6）飞行安全性：可防止失速时飞机抬头或掉高时进入尾旋状态，当攻角增加时，前翼首先流动分离，设计合理的布局不会出现负俯仰力矩，而是使飞机低头[5,P11~31]。

7）地效条件下可提供纵向稳定：地效飞行器（GEV：ground－effect vehicle）或翼地效应（WIG：wing－in－ground effect）。

8）可基于其开展垂直起降布局设计：螺旋桨布置于前后机翼，结构上便利可控。

9）可在没有襟翼的情况下实现高升力：串置翼布局没有起落架，需要在低速时实现起飞和擦地回收，其较好的升力特性使其无需襟翼设计，降低了结构复杂性。

10）与鸭式布局相比，串置翼布局的重心并不在机身尾部[5,P11~31]，因此机身不会产生不稳定的俯仰和偏航力矩，垂尾力臂更大。

串置翼布局缺点

1）后翼处于前翼下洗气流影响区域（对于设计不合理布局，湍流及流动减速会加剧不利影响），后翼升力降低，无法达到最大值[6,P48]，并且诱导阻力增加。

2）（机翼展长及升力面面积一定的情况下）机翼由两片增加为四片，机翼弦长以及对应的雷诺数降低[7,P604]，雷诺数小于 10^6 时，对应的型阻增加，部分抵消了优点的第 2、3 项。

3）串置翼布局参数和重心位置确定后，最优飞行状态相对单一：设计攻角下飞行时配平损失为零，偏离这一状态时，由于控制力臂较小，配平损失急剧增加[2,P14]，舵偏角较大时，控制舵面负载也很大。

4）串置翼布局的优化相对复杂：优化涉及两组升力面且相互之间存在较强的干扰。

5）和常规布局相比，串置翼布局垂尾力臂较小（重心在前后机翼之间），导致舵效较小，可适当增加垂尾面积，甚至采用双垂尾（鸭式布局由于其力臂更小，通常采用双垂尾）。数值计算和试验数据表明，可通过后翼的上反以及翼梢小翼来保证布局的方向稳定性。

6）鸭翼布局起落架设计相对简单；串置翼布局的重心由于更靠近前翼，其起落架设计与常规布局一样具有较高的挑战性[2,P14]。

7）前后翼间距离较远，重量主要沿机身分布，因此需要对机身进行加强以应对弯曲和扭转[3,P37]，增加了机身结构重量。

8）和单翼飞机相比，其机翼容量减小[7,P604]，大型飞机可用于储存燃料的空间减小，小型无人机无此方面的问题。

9）前翼的存在限制了飞行员的视野[2,P15]，对于无人机而言，可通过在头部安装相机来解决。

此外，对于串置翼布局设计而言，尚未解决的理论和实践问题包括：

1）提高基于前翼几何参数、来流攻角、侧滑角等变量预测前翼涡流所引发下洗流动的准确性和预测精度，主要涉及由于涡之间互斥而导致涡的变形、黏性涡核模拟以及真实涡流的阻尼效应等问题，通常可用线性涡理论（如本书所采用的方法）或涡格法（属于初步 CFD 方法）来近似求解。

2）提高诱导阻力的测量精度（如后翼所受前翼诱导阻力，受后翼影响前翼也会受到较小的干扰力），可通过分析沿后翼翼展方向的环量分布来评估其所受诱导阻力，通常还需要对黏性涡核的半径进行估计。

3）在考虑后翼干扰的情况下确定前翼控制舵面的舵效：对于升降舵而言干扰是有利的，而对于副翼则是不利的，经过验证的解析法和 CFD 方法均只适用于有限的范围（见2.2.9节）。

对于鸭式布局，只有当展弦比大于 5 且后掠角小于 10°时，本书中所介绍的确定下洗气流和气动参数的分析方法才有效。

参 考 文 献

［1］ Van Dam CP (1999). Recent experience with different methods of drag prediction. Prog Aerosp Sci 35: 751－798.

［2］ Minardo A (2014). The tandem wing: theory, experiments, and practical realisations. Disserta－tion, Politecnico Di Milano, Milano. https: //www. politesi. polimi. it/bitstream/10589/9361 9/1/ 2014 _ 07 _ Minardo. pdf.

［3］ Sutugin LI (1945). Osnovy proektirovaniya samolyotov (Basics of aircraft design). Oborongiz, Moscow.

［4］ Sobolev DA (1989). Samolioty osobyh shem (Aircraft of special layouts). Mashinostroenie, Moscow.

［5］ Hoerner S, Borst H (1985). Fluid－dynamic lift: practical information on aerodynamic and hydrodynamic lift, 2nd edn. L. A. Hoerner, Brick Town.

［6］ Seryoznov AN (ed) (1989). Rukovodstvo dlya konstruktorov letatelnyh apparatov samodeyatelnoy postroyki (Manual for designers of self－made aircraft). Siberian Scientific Research Institute Of Aviation, Novosibirsk.

［7］ Kroo I (2001). Drag Due To Lift: Concepts for Prediction and Reduction. Annu Rev Fluid Mech 33: 587－617. http: //www. annualreviews. org/doi/full/10. 1146/annurev. fluid. 33. 1. 587.

图 2 - 5 串置翼无人机模型的翼尖涡轨迹（底面在上，侧视照片）（P24）

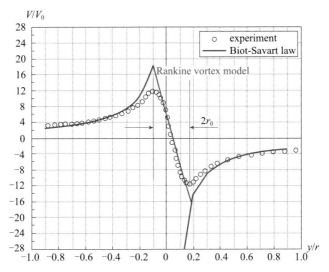

图 2 - 11 涡周围切向速度分布（基于文献 ［19］ 的数据）（P30）

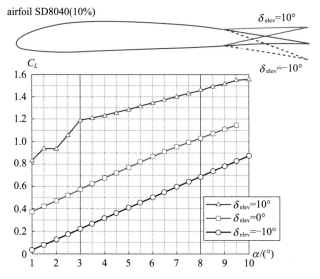

图 2-25 SD8040 翼型升降舵偏转对升力的影响（基于 XFOIL 计算）（P51）

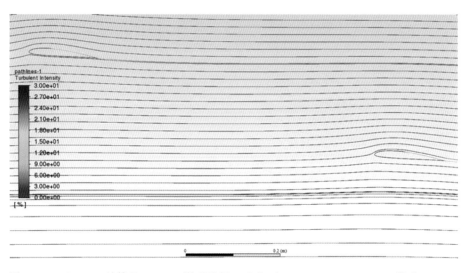

图 2-30 ANSYS 计算的 SD8040 翼型流场（攻角 5°，Transition $k-kl-\omega$ 模型）（P59）

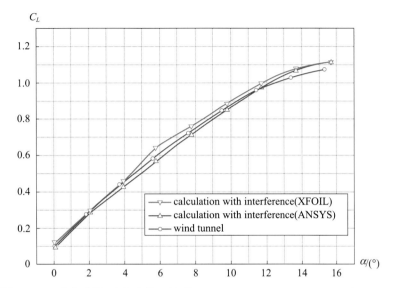

图 2-40　升力系数-攻角曲线（构型 $1-1$，$l_{x0}=590$ mm，$\theta_2=-9°$）（P67）

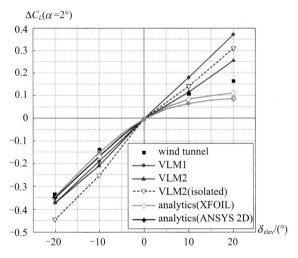

图 2-50　舵偏角对升力系数的影响（$\alpha=2°$）（P73）

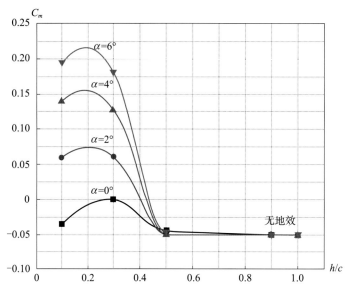

图 3-1　考虑地效时 NACA 2415 俯仰力矩系数（文献 ［2］ 数据）（P79）

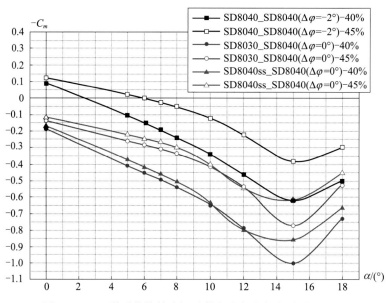

图 3-14　双翼系统俯仰力矩系数与攻角之间的关系（P87）

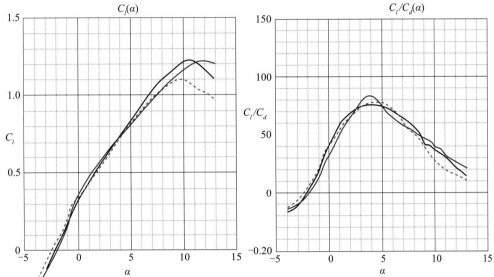

图 3-20　三个翼型比较（步骤三）（P91）

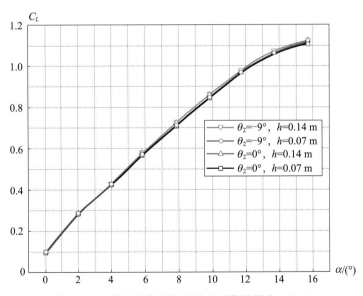

图 3-26　翼间垂直距离对升力系数的影响（P96）

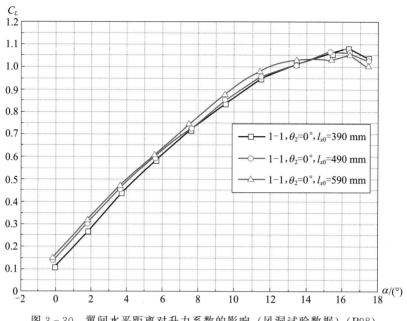

图 3 - 30　翼间水平距离对升力系数的影响（风洞试验数据）（P98）

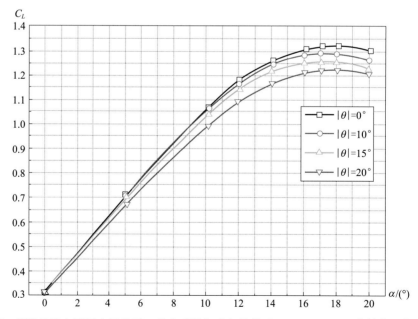

图 3 - 42　机翼系统在不同上反角下，升力系数与攻角的关系（ANSYS 3D，非结构网格）（P105）

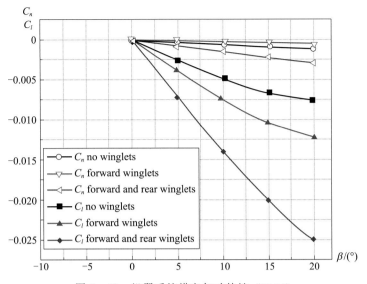

图 3 - 58 机翼系统横向气动特性 (P114)

图 3 - 63 机翼旋转 45°时的无人机模型 (P118)

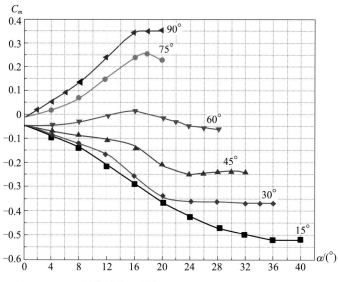

图 3-66　不同旋转角下俯仰力矩系数与攻角的关系（P121）

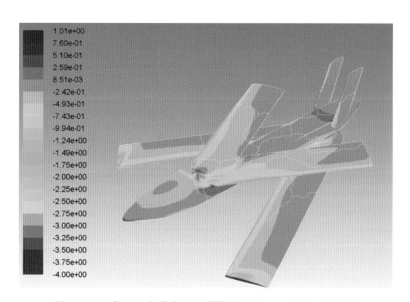

图 3-67　表面压力分布（机翼旋转 30°，$\alpha = 12°$）（P121）